剪映轻松学

短视频制作常见问题与案例实战

宿丹华 / 编著

电子工业出版社
Publishing House of Electronics Industry
北京·BEIJING

内 容 简 介

本书是初学者快速自学使用剪映进行短视频制作的实用教程。本书将内容"问题化",问题与问题之间存在逻辑关联,从而形成完整的视频后期剪辑知识体系,涵盖基础操作、音乐、文字、转场、特效、调色、素材管理等核心技术。读者在实际工作中发现问题时,可以将本书作为"答疑手册"使用。同时,本书包含大量案例实战,能够帮助读者将所学内容融会贯通,使其快速上手。

本书适合作为从事短视频创作、广告设计、影视后期、电商设计等相关行业人员的自学参考用书,也可以作为相关专业院校或培训机构的教材。

本书配有多媒体教学视频,以及书中的案例实战源文件和相关素材,读者可以借助视频等资源,更好、更快地掌握剪映。

未经许可,不得以任何方式复制或抄袭本书之部分或全部内容。
版权所有,侵权必究。

图书在版编目(CIP)数据

剪映轻松学:短视频制作常见问题与案例实战 / 宿丹华编著. —北京:电子工业出版社,2022.9
ISBN 978-7-121-43964-3

Ⅰ.①剪… Ⅱ.①宿… Ⅲ.①视频编辑软件 Ⅳ.①TP317.53

中国版本图书馆CIP数据核字(2022)第121995号

责任编辑:孔祥飞		特约编辑:田学清	
印　　刷:天津善印科技有限公司			
装　　订:天津善印科技有限公司			
出版发行:电子工业出版社			
北京市海淀区万寿路173信箱		邮编:100036	
开　　本:720×1000　1/16		印张:22.75	字数:446千字
版　　次:2022年9月第1版			
印　　次:2022年9月第1次印刷			
定　　价:108.00元			

凡所购买电子工业出版社图书有缺损问题,请向购买书店调换。若书店售缺,请与本社发行部联系,联系及邮购电话:(010)88254888,88258888。

质量投诉请发邮件至zlts@phei.com.cn,盗版侵权举报请发邮件至dbqq@phei.com.cn。

本书咨询联系方式:010-51260888-819, faq@phei.com.cn。

前言

现在是全民自媒体时代，学会制作短视频可以增加个人收入，如抖音、快手等平台纷纷推出补贴、激励计划，入驻这些平台成为内容创作者，能够获得变现的机会。另外，短视频已经成为很多公司进行宣传或营销的重要工具之一，掌握视频后期剪辑技能，可以提升个人竞争力，在就业或职位晋升上会更有优势。

相比 Premiere、Final Cut Pro 等软件而言，剪映的功能虽然有所欠缺，但更容易上手，非常适合视频剪辑新手学习。专业版剪映正不断更新，目前可以实现手机版剪映的所有功能，其中一些功能甚至进行了加强。因此，将手机版剪映与专业版剪映结合起来使用，可在固定工作场所使用专业版剪映更高效地进行后期剪辑，也可在外出期间，或者身边没有电脑的碎片时间，使用手机版剪映进行后期剪辑。

本书具备以下五大特点。

（1）从问题入手，有针对性地介绍。本书以解决问题的方式系统地讲解了剪映的使用方法。当读者带着问题去阅读本书时，对相关内容的记忆会更为深刻。同时，在后期剪辑时遇到困难或者问题时，也会更快速地从本书多个问题中找到相应的内容进行学习。

（2）覆盖"手机版＋专业版"剪映。剪映之所以会被很多人所熟知，主要是因为其可以在手机上制作出各种酷炫的后期效果。而随着专业版剪映的不断更新，再加上电脑端更强大的性能和更大的屏幕，专业版剪映将具备更好的操作体验。因此，本书不但会讲解手机版剪映的使用方法，还会介绍专业版剪映该如何操作，让各位读者通过一本书掌握更多知识。

（3）采用"图文＋视频"结合的学习方式。对于视频后期剪辑而言，即便每一步操作都进行截图，也无法将操作过程完全展示出来。而随本书附赠的与图书配套的 8 小时视频课程，则可以让读者除了知道该使用哪些功能、得到哪些效果，还可以看到完整的操作过程，从而弥补图文教学的弊端，提升学习效果。

（4）抖音火爆的案例实战教学。本书所选择的案例实战效果都曾在抖音上火爆一时，并且与章节主要介绍的内容相互匹配。例如，在讲解"转场"时，无论是遮盖转场还是日记本翻页转场等，均为视觉效果突出且具有很强实用性的转场效果，使读者可以将这一章所学内容融会贯通。

（5）提供社群售后答疑服务。读者可加入 QQ 群（327220740），与书友共同讨论并寻求老师回答相关问题。

相信你通过学习本书，一定可以熟练掌握剪映，并制作出理想的视频。但需要强调的是，短视频制作需要前期与后期相互配合。只有在拍摄前就预想出大致的最终效果，才能使前期与后期相统一，在后期剪辑时才能得心应手，提高效率。

最后，无论你是零基础"小白"，还是会简单使用剪映的新手；无论你是进行短视频创业，还是通过短视频分享生活，相信你都能从本书中有所收获。

读者服务

微信扫描回复：43964

- 获取本书配套教学视频、素材、源文件、电子版案例实战。
- 加入"图形图像"读者交流群，与更多同道中人互动。
- 获取【百场业界大咖直播合集】（持续更新），仅需 1 元。

目录

第1章 了解剪映，少走弯路 1
1.1 剪映与其他视频剪辑软件有何区别 1
1.1.1 剪映与Premier等专业视频剪辑软件有何区别 1
1.1.2 手机版剪映与专业版剪映有何区别 2
1.1.3 学会手机版剪映是不是就掌握了专业版剪映 3
1.1.4 如何使用网页版剪映 3
1.2 为何建议短视频新手使用剪映 4
1.2.1 软件免费 4
1.2.2 官方活动支持 4
1.2.3 学习资源丰富 5
1.2.4 同行交流顺畅 5
1.2.5 模板资源丰富 5
1.2.6 音乐、图片无版权顾虑 5
1.2.7 与抖音生态无缝衔接 5
1.3 使用剪映要知道的基本常识 5
1.3.1 如何下载剪映 5
1.3.2 怎样检查自己的剪映是不是最新版本 6
1.4 如何避免使用的素材有侵权风险 7
1.4.1 哪些素材有侵权风险 8
1.4.2 哪里能找到无版权图片素材 8
1.4.3 哪里能找到无版权视频素材 9
1.4.4 哪里能找到无版权音频素材 10

第2章 快速上手，剪出第一个短视频 12
2.1 零基础的"小白"如何使用剪映出片 12

2.1.1 怎样利用几个片段一键成片 12
2.1.2 怎样利用一段文字快速生成短视频 13
2.1.3 怎样利用别人的模板生成自己的视频 15
2.2 如何搜索到高质量的模板 16
2.2.1 什么是"模板" 16
2.2.2 如何搜索模板 16
2.2.3 如何购买模板 17
2.2.4 购买模板后可以退款吗 17
2.2.5 购买的付费模板可以用于制作商业视频吗 17
2.2.6 哪里能找到更多的模板 17
2.3 如何成为模板创作者 18
2.3.1 怎么开通模板发布权限 19
2.3.2 模板创作者有什么好处 19
2.4 如何使视频更清晰 19
2.4.1 录制更清晰的视频 19
2.4.2 导出更清晰的视频 20
2.4.3 通过后期让视频更清晰 20
2.4.4 发布更清晰短视频的小技巧 21
2.4.5 尽量减少视频在不同设备间的传输次数 21
2.5 如何制作漂亮的短视频封面 22
2.5.1 为何相册中的封面与设置的不一致 22
2.5.2 怎样制作三合一封面 22
2.6 如何通过剪映实现脱稿录视频 25
2.6.1 如何使用剪映的"提词器"功能 25
2.6.2 如何实现更专业的提词功能 26
2.7 如何使用剪映快速仿制视频 27
2.7.1 如何使用"创作脚本"功能 27
2.7.2 如何使用"模板跟拍"功能 29

第3章 管好文件,让工作有条不紊 31
3.1 什么是剪映中的文件 31
3.1.1 什么是素材文件 31
3.1.2 什么是工程文件 31

3.2 素材无法正常显示该怎么办 32
3.2.1 为何素材会无法正常显示 32
3.2.2 如何找回素材 32
3.3 如何高效管理剪映中的工程文件 33
3.3.1 什么是"剪映云" 33
3.3.2 如何使用手机版"剪映云" 33
3.3.3 如何使用专业版"剪映云" 35
3.4 手机版剪映收藏的素材是否会被同步到专业版剪映 36
3.5 如何增加"剪映云"的存储容量 36
3.5.1 如何购买"剪映云"的存储容量 36
3.5.2 如何取消自动续订"剪映云" 37
3.6 购买"剪映云"后,可以退款吗 39
3.6.1 使用微信支付后申请退款的方法 39
3.6.2 使用支付宝支付后申请退款的方法 40
3.7 使用"剪映云"遇到问题怎么办 41
3.7.1 为何在"剪映云"续费日期前一天就被扣钱了 41
3.7.2 会员到期后,已上传到"剪映云"的草稿能正常下载吗 41
3.7.3 购买"剪映云"后发现依然不够用怎么办 41

第4章 熟悉操作,让后期剪辑又快又好 42
4.1 剪映界面包含哪些区域 42
4.1.1 手机版剪映界面包含哪些区域 42
4.1.2 专业版剪映界面包含哪些区域 44
4.2 时间线区域中有哪三大元素 46
4.2.1 时间刻度有什么用 46
4.2.2 轨道有什么用 47
4.2.3 时间轴有什么用 50
4.3 如何使用"分割"功能 52
4.3.1 "分割"功能的作用 52
4.3.2 利用"分割"功能截取精彩片段 52
4.3.3 "分割"功能在专业版剪映中的位置 54
4.4 如何使用"编辑"功能 54
4.4.1 "编辑"功能的作用 54

4.4.2 利用"编辑"功能调整画面 ... 54
4.4.3 "编辑"功能在专业版剪映中的位置 ... 56
4.5 如何使用"变速"功能 ... 56
4.5.1 "变速"功能的作用 ... 56
4.5.2 利用"变速"功能实现快动作与慢动作的混搭 ... 57
4.5.3 "变速"功能在专业版剪映中的位置 ... 60
4.6 如何使用"定格"功能 ... 60
4.6.1 "定格"功能的作用 ... 60
4.6.2 利用"定格"功能定格精彩舞蹈瞬间 ... 61
4.6.3 "定格"功能在专业版剪映中的位置 ... 62
4.7 如何使用"倒放"功能 ... 62
4.7.1 "倒放"功能的作用 ... 62
4.7.2 利用"倒放"功能制作"鬼畜"效果 ... 62
4.7.3 "倒放"功能在专业版剪映中的位置 ... 63
4.8 如何使用"防抖"和"降噪"功能 ... 63
4.8.1 "防抖"和"降噪"功能的作用 ... 63
4.8.2 "防抖"和"降噪"功能的操作步骤 ... 64
4.8.3 "防抖"和"降噪"功能在专业版剪映中的位置 ... 65
4.9 如何使用"关键帧"功能 ... 65
4.9.1 "关键帧"功能的作用 ... 65
4.9.2 利用"关键帧"功能让贴纸移动 ... 65
4.9.3 "关键帧"功能在专业版剪映中的使用方法 ... 67
4.10 如何使用"替换"功能 ... 69
4.10.1 "替换"功能的作用 ... 69
4.10.2 利用"替换"功能替换素材 ... 69
4.10.3 "替换"功能在专业版剪映中的位置 ... 70
4.11 如何使用"贴纸"功能 ... 70
4.11.1 "贴纸"功能的作用 ... 70
4.11.2 通过"贴纸"功能表现"新年"主题 ... 70
4.11.3 "贴纸"功能在专业版剪映中的位置 ... 72
4.12 有哪些实用的后期技巧 ... 72
4.12.1 如何去除剪映Logo ... 73
4.12.2 如何收藏喜欢的特效、文字模板 ... 73

目录

- 4.12.3 如何通过后期剪辑让视频画面更稳定 74
- **4.13 一个完整的视频剪辑流程包括哪些步骤** 75
  - 4.13.1 导入素材 75
  - 4.13.2 调整画面比例 76
  - 4.13.3 添加背景 77
  - 4.13.4 调整画面大小和位置 78
  - 4.13.5 剪辑视频 78
  - 4.13.6 润色视频 79
  - 4.13.7 添加音乐 80
  - 4.13.8 导出视频 82
- **4.14 专业版剪映该如何操作** 82
  - 4.14.1 确定画面比例和音乐节拍点 83
  - 4.14.2 添加文字并确定视频素材在画面中的位置 84
  - 4.14.3 制作随节拍点出现画面的效果 86
- **4.15 案例实战1：利用贴纸打造精彩视频** 88
  - 4.15.1 添加背景音乐并添加节拍点 88
  - 4.15.2 添加与歌词相匹配的贴纸 90
  - 4.15.3 根据画面风格添加合适的特效 92
- **4.16 案例实战2：制作动态朋友圈九宫格效果** 93
  - 4.16.1 准备九宫格素材 94
  - 4.16.2 利用特效制作视频 95
  - 4.16.3 将视频与九宫格素材合成 97
- **4.17 案例实战3：3D运镜玩法** 99
  - 4.17.1 为静态照片添加"3D运镜"效果 100
  - 4.17.2 添加背景音乐并制作卡点效果 101
  - 4.17.3 添加动画与特效润色视频 104

第5章 用好音乐与音效，上热门你也可以 106

- **5.1 为什么音乐对于短视频非常重要** 106
  - 5.1.1 音乐对视频的"情绪"有何影响 106
  - 5.1.2 剪辑节奏与音乐节奏有何关系 107
- **5.2 如何为视频添加音乐** 107
  - 5.2.1 如何导入剪映"音乐库"中的音乐 107

5.2.2 如何提取其他视频中的音乐 108
5.2.3 如何导入抖音中收藏的音乐 109

5.3 遇到问题该如何处理 110
5.3.1 视频开头没声音怎么办 110
5.3.2 视频后半段黑屏是怎么回事 110
5.3.3 视频出现噪音怎么办 110

5.4 可以对音乐进行哪些个性化编辑 111
5.4.1 如何单独调节每个音频的音量 111
5.4.2 如何设置"淡入"和"淡出"效果 112
5.4.3 如何实现音频变速 113

5.5 如何进行"录音"并"变声" 114
5.5.1 手机版剪映"录音"和"变声"功能的使用方法 114
5.5.2 "录音"和"变声"功能在专业版剪映中的位置 115
5.5.3 如何让剪映"读"出文字 115
5.5.4 如何实现更丰富的"变声"效果 117

5.6 如何为视频添加音效 117

5.7 案例实战1：抠像回忆快闪效果 119
5.7.1 营造快闪效果 119
5.7.2 选择音乐并与视频素材相匹配 120
5.7.3 让视频更有回忆感 124

5.8 案例实战2：时间静止效果 125
5.8.1 准备视频素材 125
5.8.2 制作时间静止效果 126
5.8.3 添加音乐与音效，让效果更逼真 130

第6章 玩转音乐卡点，提高视频完播率 132

6.1 为什么音乐卡点视频的完播率比较高 132
6.2 如何为音乐添加节拍点 132
6.2.1 如何让剪映自动踩点 133
6.2.2 如何手动踩点 133
6.3 如何制作音乐卡点视频 134
6.3.1 如何设置视频自动卡点 134
6.3.2 如何更换模板音乐 135

  6.3.3 如何选择适合做卡点视频的音乐 136

  6.3.4 如何让素材随节拍点更替 138

6.4 案例实战1：模拟镜头晃动音乐卡点效果 139

  6.4.1 让视频画面根据音乐节奏变化 139

  6.4.2 模拟镜头晃动效果 141

  6.4.3 添加特效润色画面 144

6.5 案例实战2：抽帧卡点效果 145

  6.5.1 提取所需音乐并添加节拍点 145

  6.5.2 制作抽帧卡点效果 147

  6.5.3 制作后半段音乐卡点效果 148

6.6 案例实战3：花卉拍照音乐卡点视频 150

  6.6.1 添加图片素材并调整画面比例 150

  6.6.2 实现音乐卡点效果 151

  6.6.3 添加音效和特效突出节拍点 152

  6.6.4 添加动画和贴纸润色视频 154

  6.6.5 对音频轨道进行最后的处理 155

6.7 案例实战4：浪漫九宫格 156

  6.7.1 制作九宫格音乐卡点局部闪现效果 156

  6.7.2 制作照片局部在九宫格中逐渐增加的效果 159

  6.7.3 制作照片完整出现在九宫格中的效果 161

  6.7.4 添加转场、动画、特效等润色视频 163

第7章 打造百变文字，让视频"文艺"起来 165

7.1 如何为视频添加标题 165

  7.1.1 什么是视频的标题 165

  7.1.2 怎样考虑标题的时长 166

  7.1.3 怎样为视频添加不同风格的标题 167

7.2 如何快速生成字幕 168

  7.2.1 如何利用声音识别生成字幕 168

  7.2.2 如何利用"文稿匹配"功能生成字幕 170

7.3 如何美化字幕 170

  7.3.1 如何实现字幕气泡效果 170

  7.3.2 如何实现花字效果 171

	7.3.3	如何为字幕添加背景	171
	7.3.4	字幕过长或过短该如何处理	172
7.4	如何让视频中的文字动起来		174
	7.4.1	如何为文字添加动画	174
	7.4.2	如何制作"打字"效果	175
7.5	案例实战1：文字遮挡效果		177
	7.5.1	制作文字图片素材	177
	7.5.2	制作文字遮挡及放大效果	178
	7.5.3	添加特效和背景音乐	181
7.6	案例实战2：文艺感十足的镂空文字开场		183
	7.6.1	制作镂空文字效果	183
	7.6.2	制作文字逐渐缩小的效果	185
	7.6.3	为文字图片添加蒙版	186
	7.6.4	实现大幕拉开效果	188
7.7	案例实战3：文字遮罩转场效果		189
	7.7.1	让文字逐渐放大至铺满整个预览区	189
	7.7.2	让文字中出现画面	191
	7.7.3	制作文字遮罩转场效果	193
	7.7.4	对画面进行润色	194

第8章 学会后期调色，制作具有电影质感的短视频 ………… 197

8.1	如何对视频画面色彩进行基础调节		197
	8.1.1	"调节"功能有何作用	197
	8.1.2	如何利用"调节"功能制作小清新风格的视频	198
	8.1.3	专业版剪映独有的"HSL"面板有何作用	200
	8.1.4	通过"HSL"面板调出色彩浓郁的日落景象	201
8.2	如何快速对一批视频进行调色		202
	8.2.1	什么是预设	202
	8.2.2	如何生成预设	203
8.3	如何快速调出不同风格的视频		204
	8.3.1	什么是滤镜	204
	8.3.2	如何使用"滤镜"功能	204
8.4	如何套用别人的调色风格		206

目录

- 8.4.1 什么是LUT ... 206
- 8.4.2 LUT与滤镜有何不同 ... 207
- 8.4.3 如何生成LUT文件 ... 207
- 8.4.4 如何套用LUT文件 ... 208
- 8.5 案例实战1：通过润色画面实现唯美渐变色效果 ... 209
  - 8.5.1 制作前半段渐变色效果 ... 209
  - 8.5.2 制作后半段渐变色效果 ... 211
  - 8.5.3 添加转场、特效、动画让视频更精彩 ... 214
- 8.6 案例实战2：小清新漏光效果 ... 216
  - 8.6.1 导入素材、音乐，确定基本画面风格 ... 216
  - 8.6.2 营造漏光效果 ... 218
  - 8.6.3 利用滤镜、文字等润色画面 ... 220
- 8.7 案例实战3：鲸鱼合成效果 ... 221
  - 8.7.1 让天空中出现鲸鱼 ... 221
  - 8.7.2 让鲸鱼在天空中的效果更逼真 ... 223
  - 8.7.3 让鲸鱼在画面中"游"起来 ... 224
- 8.8 案例实战4：时尚杂志封面效果 ... 225
  - 8.8.1 导入素材并实现音乐卡点 ... 225
  - 8.8.2 增加特效和音效实现"在拍照"的感觉 ... 228
  - 8.8.3 增加贴纸、滤镜和动画让"拍照"前后出现反差 ... 230

第9章 制作酷炫转场，让视频更具高级感 ... 233

- 9.1 什么是转场 ... 233
  - 9.1.1 什么是技巧性转场 ... 233
  - 9.1.2 什么是非技巧性转场 ... 235
- 9.2 如何使用剪映快速添加技巧性转场 ... 238
- 9.3 如何使用专业版剪映添加技巧性转场 ... 239
- 9.4 制作特殊转场效果需要使用哪些功能 ... 240
  - 9.4.1 "画中画"与"蒙版"功能的作用 ... 240
  - 9.4.2 "画中画"功能的使用方法 ... 240
  - 9.4.3 利用"画中画"与"蒙版"功能控制画面显示 ... 241
  - 9.4.4 如何在视频中抠出人物 ... 243
  - 9.4.5 "智能抠像"和"色度抠图"功能在专业版剪映中的位置 ... 246

9.5 案例实战1："拍照片"式转场 247
9.5.1 添加转场所需的节拍点 247
9.5.2 制作"拍照片"效果 248
9.5.3 利用音效和转场强化"拍照片"效果 251

9.6 案例实战2：遮盖转场 253
9.6.1 编辑转场所用素材 253
9.6.2 调整画面色调 255
9.6.3 制作遮盖转场效果 256

9.7 案例实战3：抠图转场 258
9.7.1 准备抠图转场所需素材 258
9.7.2 实现抠图转场基本效果 259
9.7.3 加入音乐实现卡点抠图转场 260
9.7.4 加入动画和特效让转场更震撼 262

9.8 案例实战4：日记本翻页转场 263
9.8.1 制作日记本风格的画面 263
9.8.2 制作日记本翻页效果 266
9.8.3 制作好看的画面背景 267

第10章 创意变身效果，营造强烈视觉冲击力 269

10.1 变身效果为什么这么火 269
10.1.1 不需要铺垫的精彩 269
10.1.2 强烈的视觉冲击力 269
10.1.3 利用观众的好奇心 270
10.1.4 玩法多样不重复 270
10.1.5 剪映中有很多适合变身玩法的效果 270

10.2 制作变身效果的关键是什么 270
10.2.1 如何选择适合变身视频的特效 271
10.2.2 如何选择适合变身视频的音乐 272
10.2.3 如何对视频中的人物进行美颜 273
10.2.4 如何使用各种玩法 275

10.3 案例实战1：漫画变身教程 275
10.3.1 导入图片素材并确定背景音乐 275
10.3.2 制作漫画变身效果并选择合适的转场效果 277

目录

- 10.3.3 添加特效营造氛围 ... 277
- 10.3.4 添加动态歌词丰富画面 ... 278

10.4 案例实战2：俄罗斯方块变身效果 ... 279
- 10.4.1 利用绿幕素材实现俄罗斯方块动画效果 ... 279
- 10.4.2 制作从漫画图片变化为真人照片的效果 ... 281
- 10.4.3 添加背景音乐并确定轨道的具体位置 ... 282

10.5 案例实战3：素描画像渐变效果 ... 284
- 10.5.1 制作素描效果 ... 284
- 10.5.2 制作从素描画像变化为人物照片的效果 ... 286
- 10.5.3 添加背景音乐并确定各轨道的具体位置 ... 287

第11章 做好片头和片尾，提高短视频流量 ... 290

11.1 为何一个优秀的片头和片尾可以提高流量 ... 290
- 11.1.1 通过片头吸引观众注意 ... 290
- 11.1.2 通过片尾增加互动 ... 290

11.2 片头和片尾的制作要点是什么 ... 291
- 11.2.1 片头的制作要点是什么 ... 291
- 11.2.2 片尾的制作要点是什么 ... 291

11.3 案例实战1：故障文字片头教学 ... 292
- 11.3.1 确定文字内容并营造故障感 ... 292
- 11.3.2 添加动画、特效营造故障感和科幻感 ... 295
- 11.3.3 合成文字视频与视频素材 ... 296

11.4 案例实战2：三屏动态进场片头教学 ... 300
- 11.4.1 导入音乐并添加节拍点 ... 300
- 11.4.2 制作三屏效果 ... 301
- 11.4.3 调整单个画面显示效果 ... 303
- 11.4.4 添加动画及特效让视频更具动感 ... 304

11.5 案例实战3：涂鸦片头效果 ... 306
- 11.5.1 录制涂鸦素材 ... 306
- 11.5.2 制作片头 ... 308
- 11.5.3 制作涂鸦效果 ... 309

11.6 案例实战4：色彩分割片头 ... 312
- 11.6.1 为视频赋予多样的色彩 ... 312

XV

| 11.6.2 | 让画面中的色彩依次进场 | 315 |
| 11.6.3 | 让画面中的色彩同步退场 | 317 |

第12章 玩转创意后期效果，掌握财富密码 ... 319

12.1 制作一个创意视频的流程是怎样的 ... 319
- 12.1.1 如何获得创意灵感 ... 319
- 12.1.2 构思视频效果与创作分镜头脚本有何联系 ... 320
- 12.1.3 如何选择拍摄地点 ... 320
- 12.1.4 为何说视频后期指导前期 ... 320

12.2 案例实战1：剪辑框抠像效果 ... 320
- 12.2.1 制作动态剪辑框素材 ... 320
- 12.2.2 合成长大后的人物画面 ... 323
- 12.2.3 增加特效润色画面 ... 325

12.3 案例实战2：分身合体效果 ... 326
- 12.3.1 对素材进行基本处理 ... 326
- 12.3.2 制作分身效果 ... 327
- 12.3.3 添加音乐与特效 ... 330

12.4 案例实战3：牛奶消失效果 ... 331
- 12.4.1 拍摄所需素材 ... 332
- 12.4.2 让画面与背景音乐的节拍点相契合 ... 333
- 12.4.3 营造牛奶消失效果 ... 335
- 12.4.4 增加特效润色画面并弥补缺陷 ... 337

12.5 案例实战4："灵魂出窍"效果 ... 339
- 12.5.1 准备制作"灵魂出窍"效果的素材 ... 339
- 12.5.2 定格"灵魂出窍"瞬间，并选择合适的音乐 ... 340
- 12.5.3 实现"灵魂出窍"效果 ... 341
- 12.5.4 通过特效营造画面氛围 ... 344

第1章
了解剪映，少走弯路

1.1 剪映与其他视频剪辑软件有何区别

大部分短视频新手之所以会选择剪映作为视频剪辑软件，是因为与其他视频剪辑软件相比，其具有明显的区别。

1.1.1 剪映与Premier等专业视频剪辑软件有何区别

Premier等专业视频剪辑软件虽然功能多，又有丰富的插件支持，但其界面复杂，即便只是想实现简单的效果，也需要一定时间的学习。这无疑大大提高了短视频制作的门槛，成了很多人制作短视频的一大阻碍。

而剪映在手机上即可操作，其界面简洁，并且具有很多"一键"就能应用的效果，甚至在添加素材后，就可以"一键成片"，如图1-1所示。这让短视频新手也能快速上手使用，并剪出理想的短视频，符合当今快节奏的大环境。

图1-1

1.1.2　手机版剪映与专业版剪映有何区别

手机版的剪辑软件其实并不少，但是像剪映这种从手机版移植为专业版（电脑版）的则不多。因此，专业版剪映在刚上线时，功能并不完善。但随着不断更新、优化，目前专业版剪映已经具备所有手机版剪映的功能。再加上电脑的屏幕更大，使用鼠标操作的准确性更高，大多数电脑的性能也要比手机更出色，所以无论是从效率还是从体验上来说，专业版剪映都要比手机版剪映更具优势。

专业版剪映界面区域的分布及部分功能的位置与手机版剪映有较大不同，其中图1-2所示为手机版剪映的工作界面，图1-3所示为专业版剪映的工作界面。手机版剪映的优势在于随时随地都可以对视频进行剪辑处理，较为方便。

图1-2

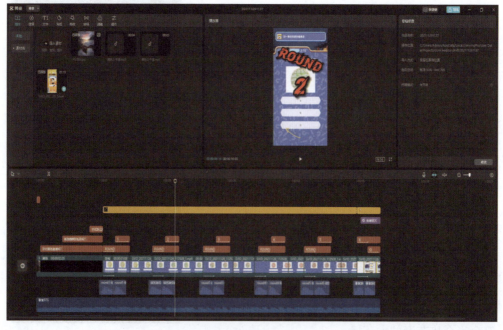

图1-3

第1章 了解剪映，少走弯路

1.1.3 学会手机版剪映是不是就掌握了专业版剪映

由于专业版剪映是从手机版剪映移植过去的，所以各个功能的使用方法、操作逻辑几乎完全一样。因此，只要学会了手机版剪映，在熟悉专业版剪映的界面后即可上手，做出与手机版剪映相同的视频。

当然，对个别使用方法稍有区别的功能而言，如转场、画中画、关键帧等，在本书中都会进行详细讲解。

1.1.4 如何使用网页版剪映

网页版剪映相当于简化后的专业版剪映。网页版剪映只包括简单的视频后期功能，如切割片段，配乐，增加字幕、文字、贴纸等，而且效果数量也比手机版和专业版剪映少了很多，再加上其导入视频素材的速度非常慢，因此建议只将网页版剪映作为应急时的剪辑工具使用。

使用网页版剪映的步骤如下。

Step 01：进入抖音官方网站后台，单击左侧导航栏的"视频剪辑"选项，如图1-4所示。

Step 02：单击"导入"按钮或者直接将素材拖动至资源库，如图1-5所示。

Step 03：选中视频轨道，可以通过左上方选项框进行细节调整，如图1-6所示。

图1-4

图1-5

图1-6

Step 04：还可利用"配乐""字幕"等功能对视频进行润色，如图1-7所示。

需要强调的是，由于网页版剪映的功能十分简单，在学习手机版和专业版剪映的使用方法后,自然可以掌握,所以只在此处进行简单介绍。而本书重点将对手机版剪映,即功能最完善的版本进行讲解。如无特殊强调,书中出现的"剪映",均指手机版剪映。

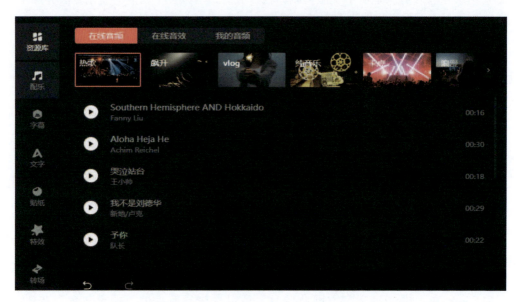

图 1-7

1.2 为何建议短视频新手使用剪映

之所以建议短视频新手使用剪映,除了因为其操作简单易上手,还有以下 7 个原因。

1.2.1 软件免费

无论是手机版剪映还是专业版剪映都是免费的,可以减少创作者的学习成本,降低学习视频剪辑的门槛。

1.2.2 官方活动支持

由于剪映是由抖音官方开发并推出的,为了吸引更多人使用剪映创作短视频,官方会经常举办各种主题的创作活动,并为优秀的创作者提供奖励。

1.2.3 学习资源丰富

为了吸引更多人使用剪映创作短视频,抖音官方还从剪映的教学视频中,筛选出部分高质量的建立"创作课堂",供各位创作者学习。

1.2.4 同行交流顺畅

抖音上的短视频创业者大部分是使用剪映进行剪辑的。当交流经验时,使用相同的软件可以让交流更顺畅。

1.2.5 模板资源丰富

在抖音的激励下,很多模板创作者上传作品,形成了丰富的模板资源库。这让人们即便是短视频新手,也能快速出片。

1.2.6 音乐、图片无版权顾虑

剪映自带音乐库和少量动图、视频等素材。这部分资源均是可商用的,不用担心版权问题。

1.2.7 与抖音生态无缝衔接

剪映是抖音生态中的一部分,所以能够在导出短视频后,直接在抖音发布。同时,在抖音也可以通过添加链接的方式快速跳转到剪映,形成双向互通。

1.3 使用剪映要知道的基本常识

1.3.1 如何下载剪映

手机版剪映可以在iOS系统的App Store和各大安卓市场中进行下载;对于电脑版剪映则需要搜索"剪映",然后在页面上方选择需要的版本下载,如图1-8所示。

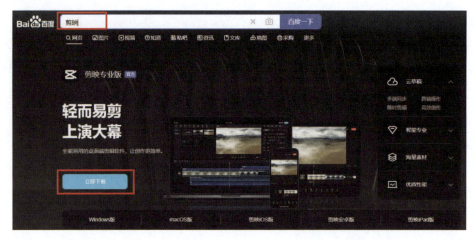

图 1-8

1.3.2 怎样检查自己的剪映是不是最新版本

图 1-9

图 1-10

1. 手机版剪映

对于 iOS 系统的手机，进入 App Store，找到已下载的剪映 App。若该 App 右侧没有出现"更新"字样，则代表是最新版本。

对于安卓系统的手机，则要进入下载剪映时使用的安卓市场，点击"应用管理"选项，查看是否通知更新剪映。

当然，也可以点击手机版剪映右上角 ◎ 图标，即可查看版本号，分别如图 1-9、图 1-10 所示，进而确定其是否为最新版本。

第1章 了解剪映，少走弯路

2．专业版剪映

打开专业版剪映后，如果有新版本，则会在每次打开软件后弹出更新提示。也可以按照如下步骤操作，确定是否为最新版本。

Step 01：单击界面右上角的 ◎ 图标，如图1-11所示。

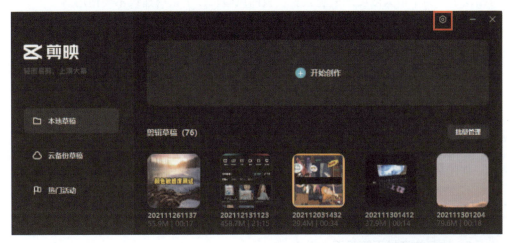

图 1-11

Step 02：单击"版本号（2.5.1）"选项，如图1-12所示。

Step 03：单击"检查更新"选项，如图1-13所示。

如果是最新版本，则会弹出相关提示。如果不是最新版本，则会弹出更新提示，即可更新为最新版本。

对于专业版剪映，建议用户第一时间更新至最新版本，往往可以使使用体验更好，还能提高剪辑效率。

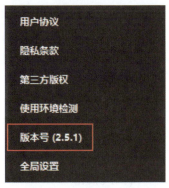

图 1-12

1.4 如何避免使用的素材有侵权风险

在视频后期制作过程中，难免需要使用一些非自己拍摄的视频或者图片素材。一旦这些素材有侵权风险，抖音可能会对其进行流量限制，甚至禁止发布。

图 1-13

1.4.1 哪些素材有侵权风险

严格来说，任何在网络上下载，未注明无版权的素材，都有侵权的风险。如果被追究，将内容删掉也就基本可以解决问题了。但如果是企业商用，那么就需要进行赔偿了。为了最大限度地避免素材侵权的风险，以下素材建议不要使用。

1．影视剧素材

除非经过版权方授权，否则在视频中使用影视剧素材属于典型的侵权行为。虽然对于一些粉丝不是很多的抖音号来说，版权方可能暂时不追究。但当账号逐渐做起来，有了一定流量后，就可能被版权方要求补交版权费。

2．网络上有清晰人脸的素材

如果版权方要维权，请相关公司全网搜索某一特定人脸是常用的方法。因此，一定不要使用网络上有清晰人脸的素材（无版权的除外），这样可以大大降低侵权风险。当然，其他素材虽然不容易被追责，但依旧不建议各位使用。

3．购买的素材不等于不会侵权

一些素材虽然是付费购买的，但很有可能只有个人使用权，不包括公开及商用的权限。很多购买并下载的音乐资源都属于此种情况，当将其在视频中作为背景音乐使用时，就可能造成侵权。因此，务必明确购买的素材是否有二次修改及公开和商用的权限。

1.4.2 哪里能找到无版权图片素材

1. Pexels

Pexels 网站上的图片可以进行商用，是目前国内人们常用的无版权网站。关键是，该网站无论是图片加载速度还是下载速度都很快，可以满足大多数人的图片需求。需要注意的是，虽然该网站支持中文搜索，但精确度并不高，所以建议通过英文进行搜索。不懂英文也没有关系，可以先利用"百度翻译""有道翻译"等将中文转换成英文后，直接复制到 Pexels 进行搜索即可。

值得一提的是，该网站的部分视频素材是可以下载的，而且同样可商用、无版权。

2. Unsplash

Unsplash 也是一个常用的无版权图片网站，图片同样可以商用，并且图片质量比 Pexels 的还要高一点，但有时加载速度和图片下载速度比较慢，所以不如 Pexels 常用。另外，该网站只支持英文搜索。

3. Iconfont

Iconfont 是阿里巴巴体验团队打造的矢量图标库，里面有丰富的图标、插画可以下载使用。

需要注意的是，该网站的图标和插画如果进行商用，则需要 Iconfont 或其关联公司授权；对于非商业用途，则可以与作者联系，获得作者授权后使用。

4. 图虫

虽然图虫中大部分均为付费图片，但有一个"限时免费"板块，每人每天可以下载两张图片。用户可以多申请几个账号，然后积少成多，逐渐建立起高质量的图片库。

5. 其他无版权图片素材网站

再向读者提供 6 个无版权图片素材网站：稿定设计、Gratisography、Cupcake、VisualHunt、FindA.Photo、Photock。

1.4.3 哪里能找到无版权视频素材

1. Videezy

Videezy 目前只支持英文搜索，可以进行关键字搜索，按照时间顺序或视频分类进行查看。该网站同时包含免费和付费视频素材，免费视频素材同样可以商用，但视频质量相比付费视频素材要差一些。

2. Life of Vids

Life of Vids 隶属于加拿大的 LEEROY 创意工作室。虽然视频数量不多，但质量很高。建议找素材时先到这个网站上看一看，如果没有合适的素材再去其他网站搜索。

3．Mazwai

Mazwai 是一个新兴的视频网站，管理者会挑选优秀的免费视频发布出来，所以视频质量是有保证的。另外，其打开速度和下载速度也都很快。

但需要注意的是，网站上所有视频在使用的时候需要署名原作者。

4．Mixkit

Mixkit 是笔者最常用的视频素材网站，其资源非常丰富，总能找到合适的片段穿插到视频中。而最重要的，无论是打开速度还是下载速度，都几乎与国内网站无异。

5．其他无版权视频素材网站

再向读者提供 6 个无版权视频素材网站：预告片世界、Coverr、HD-trailers、X Stock Video、Videvo、Openfootage。

1.4.4 哪里能找到无版权音频素材

1．淘声网

用户可以在该网站直接搜索所需音频，其中有很多免费的音频素材。用户只需在选定某个音频并准备下载时，注意浏览一下"声音信息"，当"许可"为"CC0 共享许可协议"时，即意味着可以免费商用。

2．耳聆网

用户在耳聆网同样可以对指定音频进行搜索，但其特色在于可随机呈现不同声音，有利于激发创作灵感。在下载时同样要注意其许可协议，选择要下载的音频，进入"声音"页面即可查看协议。

3．FreePD

FreePD 是一个免费、无版权音频下载网站，资源丰富、下载速度也很快，缺点就是全英文界面及每天第一次下载会有广告弹出。

虽然该网站需要付费才能下载较高音质的音频，但即便是基础音质的音频，也足够在短视频中使用了。

4．爱给网

用户在爱给网中可以直接搜索 CC 音频（免费商用音频），避免出现选出理想音频后，才发现要付费使用，白白浪费了时间。同时，该网站中还售卖 99 元的可商用、全渠道、永久使用权的音频。如果在免费音频中找不到合适的，也可以在付费音频中搜索一下。

5．其他无版权音频素材网站

再向读者提供 6 个无版权音频素材网站：Jamendo、JEWELBEAT、IMSLP、Looperman、ccMixter、FMA。

第2章
快速上手，剪出第一个短视频

2.1 零基础的"小白"如何使用剪映出片

为了让零基础的"小白"也能快速剪出不错的视频，剪映提供了3种可以"一键成片"的功能。

2.1.1 怎样利用几个片段一键成片

剪映中有一个功能叫"一键成片"，即在导入素材后，直接生成剪辑后的视频，具体操作步骤如下。

Step 01：打开剪映，点击"一键成片"选项，如图2-1所示。

Step 02：按顺序选择素材，点击界面右下角的"下一步"，如图2-2所示。

Step 03：生成视频后，在界面下方选择不同的效果，然后点击右上角的"导出"即可，如图2-3所示。若希望对视频效果进行修改，可再次点击所选效果，对素材顺序、音量及文字等进行调整。

第2章 快速上手，剪出第一个短视频

图 2-1

图 2-2

图 2-3

2.1.2 怎样利用一段文字快速生成短视频

人们通过"图文成片"功能，可以只导入一段文字，让剪映自动生成视频，具体操作步骤如下。

Step 01：打开剪映，点击"图文成片"选项，如图 2-4 所示。

Step 02：点击"粘贴链接"选项，将发布在今日头条上的链接粘贴，即可自动导入文字，或者点击"自定义输入"选项，直接输入文字，如图 2-5 所示。

Step 03：此处以"粘贴链接"为例，将链接复制粘贴后，点击"获取文字内容"，如图 2-6 所示。

Step 04：文字显示后，点击右上角的"生成视频"，如图 2-7 所示。

Step 05：如果对生成视频满意，点击界面右上角的"导出"即可；如果不满意，可以对"画面""文字""音色"等进行修改，或者点击右上角的"导入剪辑"，利用剪映全部功能进行详细修改，如图 2-8 所示。

13

剪映轻松学：
短视频制作常见问题与案例实战

图 2-4

图 2-5

图 2-6

图 2-7　　　　　　图 2-8

2.1.3 怎样利用别人的模板生成自己的视频

通过剪映的"剪同款"功能，可一键套用模板并生成视频，具体操作步骤如下。

Step 01：打开剪映，点击界面下方的"剪同款"选项，如图2-9所示。

Step 02：点击希望使用的模板，此处以"手绘漫画变身"模板为例，如图2-10所示。

Step 03：点击界面右下角的"剪同款"选项，如图2-11所示。

图2-9　　　　　　图2-10　　　　　　图2-11

Step 04：选择素材后，点击界面右下角的"下一步"，如图2-12所示。

Step 05：自动生成视频后，可点击界面右上角的"无水印导出分享"。如果需要修改，则可以点击界面下方的素材后，再次点击该素材，可以替换素材，或者进行裁剪、调节音量等，如图2-13所示。

2.2 如何搜索到高质量的模板

使用"剪同款"功能生成的视频，其质量高低完全取决于模板的质量。下面就介绍如何找到高质量的模板。

2.2.1 什么是"模板"

在剪映中，模板是指内容创作者制作好一个效果后，将其保存为某种文件，这种文件可以使其他人在只导入素材的情况下就能自动生成具有该效果的视频。

因此，用户通过模板可以快速制作出具有指定效果的视频，但因为效果是已经提前预置好的，所以无法进行更改，除非购买。

图 2-12

图 2-13

2.2.2 如何搜索模板

点击界面下方的"剪同款"选项后，在搜索栏输入你想寻找的模板关键词，即可找到心仪或者想找的模板，如"闭上眼睛全是你"等。

另外，点击"类型""片段数""时长"，并设置筛选条件，更容易搜索到理想的模板，如图 2-14 所示。

先检查剪映是否为最新版本，具体操作步骤见上文"怎样检查自己的剪映版本是不是最新版"。

如果确认剪映为最新版本，并仍无法使用某一模板，则是因为该"剪同款"模板由更高版本的内测版制

图 2-14

作,内测版只有受邀请的用户才能下载,用户只有等待被邀请或等待正式版上线其模板,方可使用。

2.2.3　如何购买模板

需要强调的是,剪映中的所有模板均可免费使用。而部分模板可以"购买",其实购买的是该模板的草稿,即如果不满足于模板目前的效果,可以付费购买草稿后进行修改。

使用某一模板时,在编辑界面,点击"编辑模板草稿"选项,即可进入购买界面,如图2-15所示。另外,首次购买模板是免费的。

2.2.4　购买模板后可以退款吗

付费模板属于虚拟商品,原则上不支持退款。但如遇严重问题,可发送交易订单号至官方邮箱 jy_pay@bytedance.com,并说明退款原因。平台审核通过后,会将款项退回至原支付渠道。

图 2-15

2.2.5　购买的付费模板可以用于制作商业视频吗

购买的付费模板仅供个人剪辑和制作视频使用。视频可以发布在个人账号上,不能商用。

2.2.6　哪里能找到更多的模板

除通过剪映中"剪同款"功能可以找到模板外,在"巨量创意"网站中,同样可以搜索到大量模板,具体操作步骤如下。

Step 01:进入"巨量创意"网站后,选择"模板视频"选项,如图2-16所示。

Step 02:选择一个与自己所拍素材相关的模板,此处以"图书推荐模板"为例,将光标悬停在该模板上后,单击下方的"点击使用"按钮即可,如图2-17所示。

图 2-16

Step 03：将该模板中的素材替换为自己拍摄的素材，文字做适当修改即可，如图 2-18 所示。设置完成后，单击右下角的"完成"按钮，即可生成视频。

Step 04：将光标悬停在界面右上角的用户 ID 上，单击"我的资产"按钮，如图 2-19 所示。

图 2-17

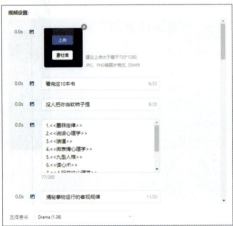

图 2-18

图 2-19

Step 05：单击左侧导航栏中的"视频库"选项卡，即可找到刚刚生成的视频，如图 2-20 所示。

2.3 如何成为模板创作者

用户成为模板创作者并发布模板后，根据使用情况，会得到一定收益，这也是抖音变现的途径之一。但想成为模板创作者，先要开通模板发布权限。

图 2-20

2.3.1 怎么开通模板发布权限

模板发布权限主要有两个申请途径。

剪映会不定期举办招募活动，用户要留意 App 内的活动宣传，点击即可查看活动详情，申请参与即有机会获得模板发布权限。

剪映会根据用户在剪映内的视频创作、导出次数，剪映活跃天数及抖音平台的创作领域、粉丝数等维度，不定期邀请少部分用户开通模板发布权限。用户可提升以上几个维度的数据，加大被邀请的概率。

2.3.2 模板创作者有什么好处

模板创作者可获得模板创作权限，发布模板到"剪同款"并参与剪映的官方活动，有机会获得大量现金奖励或其他权益。

模板创作者还可获得剪映红V、创作人领域等官方认证，享受身份荣誉，如图 2-21 所示。

图 2-21

2.4 如何使视频更清晰

明明自己的器材并不差，但发布的视频却总是不如别人的清晰。想解决这个问题，要学会正确的视频录制及导出方法。

2.4.1 录制更清晰的视频

从视频录制到后期导出，再到上传至抖音，每个过程都会造成画质损失。提升画质最有效的方法莫过于在录制时设置较高的视频参数，从而保证在层层损失后，依然有不错的清晰度。

以安卓手机为例，选择"视频模式"后，点击界面上方的"FHD"选项，如图 2-22 所示。然后将"UHD"设置为"60"，如图 2-23 所示。

图 2-22　　　　　　　　　　　图 2-23

需要注意的是，录制视频的画质越高，文件所占空间就会越大，同时也会提高对后期处理设备性能的要求。一般情况下，录制"FHD"为"30"的视频已经足够使用了，只有特别看重画质时，才会采用最高规格的参数进行录制。

2.4.2　导出更清晰的视频

在导出视频之前，点击界面上方的"1080P"选项（默认为1080P），如图 2-24 所示，将分辨率提升至"2K/4K"，帧率设置为"60"，可以最大限度地减少画质损失，如图 2-25 所示。同时，导出更清晰的视频也需要更多的存储空间。默认的 1080P、30 帧的导出设置已经足够使用了，只有特别看重画质时，才会将参数提升至最高进行导出。

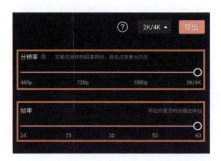

图 2-24　　　　　　　　　　　图 2-25

2.4.3　通过后期让视频更清晰

通过剪映锐化视频，也可以给人以更清晰的视觉感受，具体操作步骤如下。

Step 01：点击界面下方的"调节"选项，如图 2-26 所示。

Step 02：点击"锐化"选项，并适当提高该参数数值，如图 2-27 所示。注意，锐化数值过高，可能会使画面噪点增加，反而降低画质。

Step 03：调整轨道长短，使其覆盖需要添加"锐化"效果的视频片段，如图 2-28 所示。

第2章 快速上手，剪出第一个短视频

图 2-26　　　　　　　图 2-27　　　　　　　图 2-28

2.4.4　发布更清晰短视频的小技巧

无论是用手机还是用电脑发布短视频至抖音，画质损失都是不可避免的，而且不存在用电脑上传比用手机上传的视频更清晰的情况。但使用手机上传视频时，点击界面右侧的 图标，如图 2-29 所示，将"画质增强"功能开启，可以让视频显得更清晰，如图 2-30 所示。

 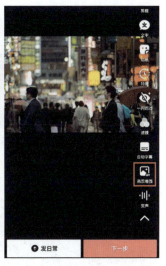

图 2-29　　　　　　　图 2-30

2.4.5　尽量减少视频在不同设备间的传输次数

每一次不同设备间的视频传输，都会导致画质的轻微损失，更不要说一些软件会对视频进行压缩后再传输。因此，如果视频是在电脑端进行剪辑的，那就直接在电脑端发布；如果是在手机端剪辑的，就在手机端发布即可。

> 提示：如果出现导出的视频上传到抖音失败的情况，请检查手机上是否同时安装抖音极速版。目前，剪映不支持将创作的视频分享至抖音火山版和抖音极速版。

2.5 如何制作漂亮的短视频封面

对于进入主页的观众而言，短视频的封面是否整齐、美观，往往决定着其是否会关注，并影响其对该账号视频制作水平的判断。

2.5.1 为何相册中的封面与设置的不一致

手机相册中视频的封面是系统自主设置的，因此剪映的设置不会生效。但当该视频分享至平台时，显示的封面即与设置的一致。

2.5.2 怎样制作三合一封面

当三个视频彼此联系，以上、中、下三部分表现同一项完整内容时，三合一封面可以让观众一眼就知道视频间的关联。这种方式经常会用在如图2-31所示的影视类账号中，制作步骤如下。

Step 01：打开Photoshop，选择"文件"下拉列表中的"新建"选项，如图2-32所示。

Step 02：设置画面尺寸单位为"像素"，并将宽度设置为"2160"，高度设置为"1280"，背景内容设置为"透明"，其他参数默认即可，如图2-33所示。

Step 03：导入一张电影中的截图，将其覆盖刚刚新建的空白图层，如图2-34所示。

Step 04：在左侧工具栏中选择"切片工具"选项，如图2-35所示。

Step 05：将鼠标移动到图片上右击，选择快捷菜单中的"划分切片"选项，如图2-36所示。

Step 06：打开"划分切片"对话框，选中"垂直划分为"复选框，设置为"3个横向切片,均匀分隔"，单击"确定"按钮，如图2-37所示。

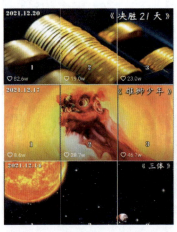

图2-31

图2-32

第2章　快速上手，剪出第一个短视频

图 2-33

图 2-34

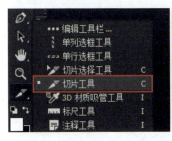
图 2-35

图 2-36

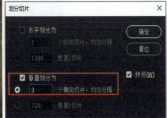
图 2-37

Step 07：添加的图片此时会被平均分为 3 份，并以蓝色线条隔开，如图 2-38 所示。

Step 08：执行"文件"→"导出"→"存储为 Web 所用格式"命令，如图 2-39 所示。

Step 09：将图片格式设置为"JPEG"，其他选项保持默认即可，单击界面下方的"存储"按钮，如图 2-40 所示。

图 2-38

Step 10：保存的图片如图 2-41 所示，已经由 1 张截图分割成了 3 张，将这 3 张图片分别发送至手机。

Step 11：打开剪映，点击轨道左侧的"设置封面"选项，如图 2-42 所示。

Step 12：点击"相册导入"选项，如图 2-43 所示。

Step 13：选择其中一张刚分割好的图片。因为已经按比例分割好，所以此处

23

刚好所有图片内容均在显示区域，点击界面右下角的"确认"即可，如图 2-44 所示。

Step 14：此时还可以添加文字，如该视频是三部分中的第一部分，可以添加数字"1"，设置完毕后点击右上角的"保存"即可，如图 2-45 所示。

接下来按照相同的方法，将另外两个视频也添加对应的封面，然后以倒叙进行发布，就能得到三合一封面效果了。需要注意的是，视频的比例需要设置为"9∶16"，这样才可以让制作好的封面完整显示。

图 2-39

图 2-40

图 2-41

第2章 快速上手，剪出第一个短视频

图 2-42

图 2-43

图 2-44

2.6 如何通过剪映实现脱稿录视频

为了使视频中的语言流畅、连贯，大多数情况下需要提前写好文案。但如果将文案完全背下，会大大增加视频制作的时间成本。以下两个方法可以使脱稿录视频变得更容易。

2.6.1 如何使用剪映的"提词器"功能

使用剪映的"提词器"功能可以使创作者在录制视频的同时，还能看到文案，具体操作步骤如下。

Step 01：打开剪映，点击"提词器"选项，如图 2-46 所示。

Step 02：点击"新建台词"，如图 2-47 所示。

Step 03：将准备好的文案复制到如图 2-48 所示的界面中，然后点击界面右上角的"去拍摄"。

图 2-45

25

图 2-46

图 2-47

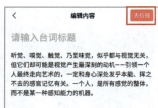

图 2-48

Step 04：此时手机中既有录制的画面，又有文案。点击文案右下角的 ◎ 图标，即可设置滚动速度、字体大小及字体颜色。同时，若开启"智能语速"功能，剪映还会通过监测语音，来实时调整文案滚动速度，如图 2-49 所示。

2.6.2 如何实现更专业的提词功能

剪映自带的"提词器"功能只能在使用剪映录制视频时使用。而如果想用手机自带的相机 App 录制视频时也使用提词器，并且尝试更多样的提词方式，就需要使用轻抖 App，具体操作步骤如下。

图 2-49

图 2-50

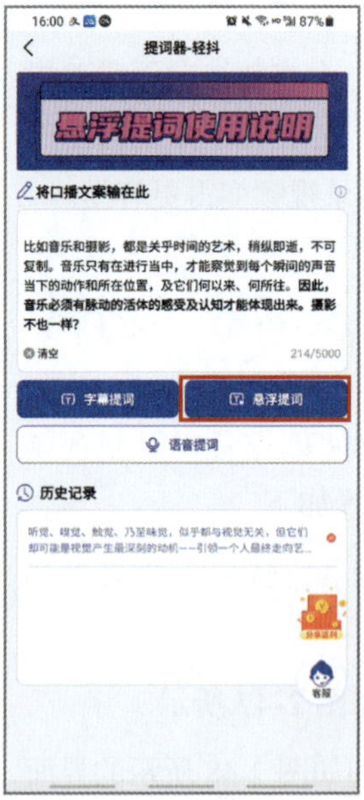

图 2-51

Step 01：下载并打开轻抖 App，点击"悬浮提词器"选项，如图 2-50 所示。

Step 02：微信授权后，将文案复制到文本框，并点击"悬浮提词"，如图 2-51 所示。

Step 03：对悬浮窗进行设置后，点击"保存并开启悬浮窗"，如图 2-52 所示。

Step 04：此时悬浮窗就会显示在手机屏幕上，并按照设定好的速度进行滚动。将手机自带的相机打开后，开始录制视频即可，如图 2-53 所示。

Step 05：若想将手机单纯作为"提词器"使用，回到如图 2-51 所示界面，点击"字幕提词"，即可呈现如图 2-54 所示的提词效果。

Step 06：若点击图 2-51 中的"语音提词"选项，则可以戴上耳机，通过语音方式进行提词，如图 2-55 所示。

2.7 如何使用剪映快速仿制视频

在刚开始拍摄短视频时，如果不知道该怎么拍，不妨"模仿"下别人的视频。仿制视频是以较低成本起号的有效方式。但需要注意的是，因为是模仿拍摄，所以很难以形式吸引观众，只有内容足够优秀，才有可能脱颖而出。

2.7.1 如何使用"创作脚本"功能

用户通过"创作脚本"功能，可以直接生成一个"分镜头脚本"，也可以简单理解为拍摄计划。该计划会详细到每一个镜头应该拍什么，只需要按照要求拍摄即可，节省了思考视频结构的时间，具体操作步骤如下。

图 2-52

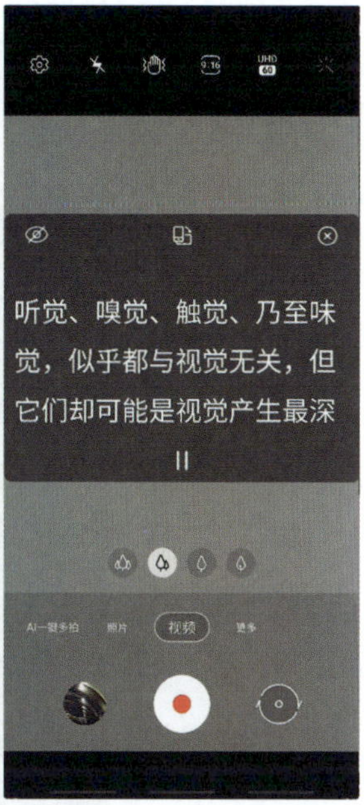

图 2-53

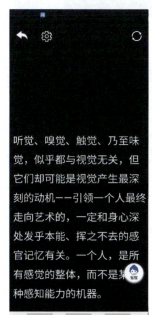

图 2-54

图 2-55

Step 01：打开剪映，点击"创作脚本"选项，如图2-56所示。

Step 02：选择一个与想拍摄的主题相关的模板，此处以圣诞节主题为例，如图2-57所示。

图 2-56

图 2-57

Step 03：点击界面下方的"去使用这个脚本"，如图2-58所示。

Step 04：生成脚本后，点击每一个分镜头右侧区域即可添加台词，输入后点击"保存"即可，如图2-59所示。

Step 05：点击分镜头下方的 + 图标，即可选择是直接拍摄，还是从相册上传。笔者的建议是，将每个分镜头的台词准备好后，按照脚本的安排将每段视频拍摄好，然后在准备出片时，再分别点击各个分镜头的 + 图标进行上传。

图 2-58

图 2-59

第2章 快速上手，剪出第一个短视频

上传完成后，点击界面右上角的"导入剪辑"选项，如图2-60所示。之后则会进入剪映界面，将每个素材多余的部分裁剪掉，并配上音乐，就可以出片了。

2.7.2 如何使用"模板跟拍"功能

使用"脚本创作"功能其实省去的是做"分镜头脚本"的时间。拍摄完成后，依然需要进行后期剪辑才能出片。而"模板跟拍"功能则可以让各位在拍摄的同时就附加模板效果，省去了后期剪辑的工作，其出片效率要比"脚本创作"的更高。但"模板跟拍"功能只适合拍摄一些短小的视频，这一点是其不足之处。"模板跟拍"功能的操作步骤如下。

Step 01：进入剪映，点击"拍摄"选项，如图2-61所示。

Step 02：点击界面右上角的 图标，如图2-62所示。

Step 03：选择一个与自己要拍摄的景物相近的模板，然后点击界面下方的"拍同款"，如图2-63所示。

图 2-60

图 2-61

图 2-62

图 2-63

Step 04：等待模板效果加载完毕后，在手机的拍摄界面就会直接呈现出该效果，点击界面下方的图标进行拍摄，如图 2-64 所示。

Step 05：拍摄完成后，点击界面下方的"确认并继续拍摄"，如图 2-65 所示。

图 2-64

图 2-65

第3章
管好文件，让工作有条不紊

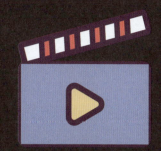

3.1 什么是剪映中的文件

剪映中的文件主要分为素材文件和工程文件两类，其中素材文件是进行短视频后期剪辑的基础文件，而工程文件则是包含着各种后期剪辑步骤的文件。

3.1.1 什么是素材文件

对于视频剪辑而言，凡是没有被编辑过的图片、视频、音频都被称为素材文件。而对视频进行后期剪辑的目的，就是将这些没有被编辑过的素材文件，整理、润色成为一个完整的、吸引人的视频。

3.1.2 什么是工程文件

对于剪映而言，工程文件也是草稿文件，是指对素材文件进行编辑后，保存了所有编辑操作的文件。创作者在打开工程文件后，可以继续进行编辑，也可以对之前的编辑进行修改。

3.2 素材无法正常显示该怎么办

相信很多人一定遇到过素材无法正常显示的情况，如图 3-1 所示，那么遇到这种情况该如何处理呢？

3.2.1 为何素材会无法正常显示

素材无法正常显示一般是由以下三种情况造成的。

1．素材被删除

如果视频剪辑中所用素材被删除了，那么该素材在剪映中就无法正常显示。

2．素材被移动

如果视频剪辑中所用素材在进行编辑后改变了存

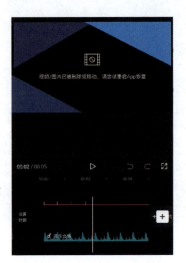

图 3-1

储位置，如将其从手机默认相册移动到了另一个相册中，那么剪映就无法正常显示该素材了。对于专业版剪映而言，改变素材存储的文件夹，同样也会造成无法正常显示的情况。

3．素材文件名被修改

如果在导入素材至剪映后，修改了素材的文件名，那么同样会出现素材无法正常显示的情况。

3.2.2 如何找回素材

1．素材被删除的解决方法

如果是因为素材被删除导致的无法正常显示，对于手机版剪映而言，则需要将素材重新拷贝至素材之前所在的相册；对于专业版剪映而言，则需要将素材拷贝至电脑上后，再重新链接。

2．素材被移动的解决方法

如果是因为素材被移动导致的无法正常显示，在使用手机版剪映时，需要将素材恢复至之前的相册中，然后重新启动剪映；如果使用的是专业版剪映，则可以右击无法正常显示的素材，并选择"链接媒体"，如图 3-2 所示。然后重新找到该素材，选中后单击右下角的"打开"按钮，如图 3-3 所示。

3．素材文件名被修改的解决方法

如果是因为素材文件名被修改导致的无法正常显示，对于手机版剪映而言，就只能通过恢复文件名来使素材正常显示；对于专业版剪映而言，可以重新链接素材或者恢复为原始文件名。

图 3-2

图 3-3

3.3　如何高效管理剪映中的工程文件

通过对工程文件进行管理，可以使视频后期制作更高效。但由于剪映的工程文件无法通过直接拷贝实现在不同设备上进行同步处理，所以需要利用"剪映云"这一功能。

3.3.1　什么是"剪映云"

将草稿存储在"剪映云"，任何登录同一剪映账号的使用者都可以从"剪映云"下载该草稿，从而使用户在不同设备可以对同一草稿进行协同操作。

3.3.2　如何使用手机版"剪映云"

使用手机版"剪映云"的步骤如下。

Step 01：打开剪映，点击"剪映云"选项，如图 3-4 所示。

Step 02：点击"立即上传"，如图3-5所示。

Step 03：选择需要上传到"剪映云"的草稿，并点击"立即上传"，如图3-6所示。

Step 04：上传成功后，使用其他手机，登录同一个剪映账号，点击如图3-4所示的"剪映云"选项，即可看到草稿，点击需要编辑的草稿，即可下载到当前设备并进行剪辑，如图3-7所示。另外，从剪映云下载的草稿，其左上角会有图标，如图3-8所示。

Step 05：在手机版剪映上传到"剪映云"的草稿，还可以同步到该账号的专业版剪映上。选择专业版剪映"云备份草稿"选项，即可看到手机版剪映上传的草稿，如图3-9所示。

图3-4　　　　　图3-5

图3-6　　　　图3-7　　　　图3-8

第3章 管好文件，让工作有条不紊

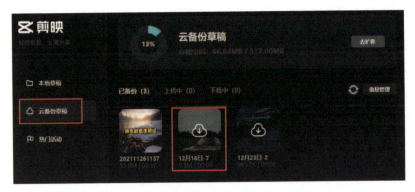

图 3-9

3.3.3 如何使用专业版"剪映云"

专业版"剪映云"的操作步骤如下。

Step 01：打开专业版剪映，单击欲上传到云空间草稿的右下角的 ▇ 图标，然后选择"备份至云端"选项，如图3-10所示。

Step 02：备份完成后，在其他电脑上，登录同一剪映账号，即可在如图3-9所示的"云备份草稿"中，看到刚刚上传的草稿。

Step 03：同时，打开手机版剪映，登录同一剪映账号，也能在"剪映云"中看到该草稿，实现专业版剪映素材和手机版剪映素材的互通，如图3-11所示。

图 3-10

图 3-11

3.4 手机版剪映收藏的素材是否会被同步到专业版剪映

在登录同一剪映账号的情况下，手机版剪映中收藏的素材均会同步到专业版剪映中，反过来也同样成立，具体操作步骤如下。

Step 01：打开手机版剪映，进入音乐选择界面，如图3-12所示。

Step 02：点击界面右侧的☆图标，当其变为★图标时，即为收藏成功，如图3-13所示。

Step 03：打开专业版剪映，并登录同一剪映账号后，依次单击"音频""音乐素材""收藏"选项后，即可看到刚才在手机版剪映中收藏的音乐，如图3-14所示。

图3-12　　　　　　　　　图3-13　　　　　　　　　图3-14

3.5 如何增加"剪映云"的存储容量

"剪映云"对于需要多人协同处理的视频或者有多地处理需求的创作者来说非常实用，但其免费空间仅512MB，最多存储30个草稿。那么如何增加"剪映云"的存储容量呢？

3.5.1 如何购买"剪映云"的存储容量

如果"剪映云"的存储空间已经存满，又没有可以删除的草稿，就只能通过付费的方式来获得更大的存储容量了，具体购买方法如下。

Step 01：打开剪映，点击"剪映云"选项，如图 3-15 所示。

Step 02：点击"开通"，如图 3-16 所示。

Step 03：根据所需空间大小，在基础版、进阶版、专业版中选择其一付费开通即可，如图 3-17 所示。

图 3-15

图 3-16

图 3-17

3.5.2 如何取消自动续订"剪映云"

"剪映云"均以自动续订的方式进行购买。如果想取消自动续订，请按以下步骤进行操作。此处以安卓手机为例，分别介绍使用微信支付和支付宝支付取消自动续订的方法。

1. 使用微信支付取消自动续订的方法

Step 01：进入微信，点击右下角的"我"选项，然后点击"支付"选项，如图 3-18 所示。

Step 02：点击右上角的…图标，如图 3-19 所示。

Step 03：点击"扣费服务"选项，如图 3-20 所示，从中选择"剪映云"的扣费服务，然后将其关闭即可。

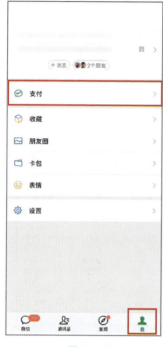

图 3-18

图 3-19

图 3-20

2. 使用支付宝支付取消自动续订的方法

Step 01：打开支付宝，点击界面右下角的"我的"选项，再点击右上角的 图标，如图 3-21 所示。

Step 02：点击"支付设置"选项，如图 3-22 所示。

Step 03：点击"免密支付/自动扣款"选项，如图 3-23 所示。然后从中找到"剪映云"相关付费项目，将其关闭即可。

图 3-21

图 3-22

3.6 购买"剪映云"后,可以退款吗

购买"剪映云"后,是可以申请退款的。但至于能否申请成功,则要看审核情况。下面以安卓手机为例,分别介绍使用微信和支付宝支付后,申请退款的方法。

3.6.1 使用微信支付后申请退款的方法

Step 01:打开微信,点击界面右下角的"我"选项,再点击"支付"选项,如图3-24所示。

Step 02:点击界面右上角的"钱包"选项,如图3-25所示。

Step 03:点击右上角的"账单"选项,如图3-26所示。

Step 04:找到购买"剪映云"空间容量时产生的账单并点击,记录下"交易单号",如图3-27所示。

图 3-23

图 3-24

图 3-25

图 3-26

Step 05：将"交易单号"发送至官方邮箱：Sub_camera@bytedance.com，并说明退款原因。在人工审核通过后，即可获得退款。

图 3-27

3.6.2 使用支付宝支付后申请退款的方法

Step 01：打开支付宝，点击界面右下角的"我的"选项，然后点击"账单"选项，如图 3-28 所示。

Step 02：找到购买"剪映云"空间容量的账单并打开，记录下"订单号"，如图 3-29 所示。

Step 03：将"订单号"发送至官方邮箱：Sub_camera@bytedance.com，并说明退款原因。在人工审核通过后，即可获得退款。

图 3-28

图 3-29

3.7 使用"剪映云"遇到问题怎么办

以下是使用"剪映云"经常会遇到的 3 个问题,在这里向各位介绍解决方法。

3.7.1 为何在"剪映云"续费日期前一天就被扣钱了

为保障创作者订阅的权益,避免"剪映云"使用服务被意外终止,剪映会提前 24 小时扣除下一计费周期的费用,所以会提前一天扣钱。

如果是因为忘记取消订阅而付费,可以在第一时间按照上文所述方法申请退款,基本上都会将续订的费用退还。

笔者建议各位在购买"剪映云"后就取消订阅,等需要时再手动购买即可。

3.7.2 会员到期后,已上传到"剪映云"的草稿能正常下载吗

"剪映云"会员到期后,超过 512MB 的草稿部分,剪映会进行保留,并可以正常下载。但只有将草稿删除至低于 512MB,才能继续上传新的草稿。因此,在不续订的情况下,将草稿下载后,建议将"剪映云"中的草稿删除至 512MB 以内,从而继续正常使用"剪映云"。

3.7.3 购买"剪映云"后发现依然不够用怎么办

如果购买的不是 1000GB 存储空间,则可以进行服务升级,但仅限于苹果手机。对于安卓手机而言,则需要先取消订阅,然后等计费周期结束后,再购买更大的存储空间。当然,还可以删除一些在"本地"已经有备份的草稿,为需要共享处理的新草稿腾出一些存储空间。

第4章
熟悉操作，让后期剪辑又快又好

扫码学习案例实操视频

4.1 剪映界面包含哪些区域

4.1.1 手机版剪映界面包含哪些区域

在将一段视频素材导入剪映后，即可看到其编辑界面。该界面由三部分组成，分别为预览区、时间线区域和工具栏。

预览区：预览区的作用在于可以让人实时查看视频画面。时间轴处于视频轨道的某一帧时，预览区即会显示当前时间轴所在那一帧的画面。

可以说，视频剪辑过程中的任何一个操作，都需要在预览区中确定其效果。当用户对完整视频进行预览后，发现已经没有必要继续修改时，一个视频的后期剪辑就完成了。预览区在手机版剪映界面中的位置如图4-1所示。

在图4-1中，预览区左下角显示的为"00:02/00:03"。其中，"00:02"表示当前时间轴位于的时间刻度为"00:02"，"00:03"则表示视频总时长为3s。

点击预览区下方的▶图标，即可从当前时间轴所处位置播放视频；点击◼图标，即可撤回上一步操作；点击◼图标，即可在撤回操作后，再将其恢复；点击◼图标可全屏预览视频。

时间线区域：在使用剪映进行视频后期剪辑时，90%以上的操作都是在时间线区域中完成的，该区域在剪映中的位置如图4-1所示。该区域包含三大元素，分别是时间刻度、轨道和时间轴。当需要对素材长度进行剪裁，或者添加某种效果时，就需要同时运用这三大元素来精确控制剪裁和添加效果的范围。

工具栏：剪映编辑界面的最下方即为工具栏，如图4-1所示。剪映中的所有功能几乎都要在工具栏中找到相关选项进行使用。在不选中任何轨道的情况下，剪映所显示的为一级工具栏，点击相应选项，就会进入二级工具栏。

值得注意的是，当选中某个轨道后，剪映工具栏会随之发生变化，变成与所选轨道相匹配的工具。例如，图4-2为选中视频轨道时的工具栏，而图4-3则为选中音频轨道时的工具栏。

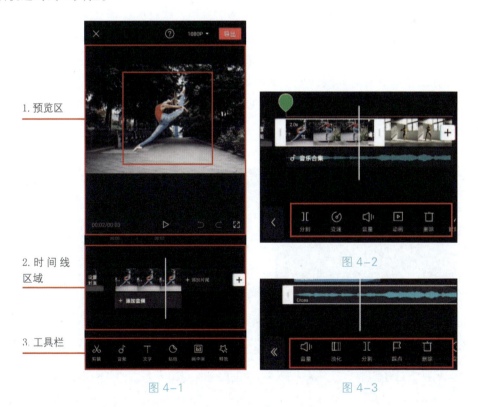

图 4-1

图 4-2

图 4-3

4.1.2 专业版剪映界面包含哪些区域

图 4-4

因为专业版剪映是手机版剪映移植到电脑上的，所以整体操作逻辑与手机版剪映基本相同。但两者的屏幕大小不一样，所以界面会有一定区别。因此，只要了解各个功能、选项的位置，学会了手机版剪映的操作，也就自然知道如何使用专业版剪映了。

专业版剪映主要包含六大区域，分别为工具栏、素材区、预览区、细节调整区、常用功能区和时间线区域。在这六大区域中，分布着专业版剪映的所有功能和选项。其中，占据空间最大的是时间线区域，而该区域也是视频剪辑的"主战场"。剪辑的绝大部分工作都是对时间线区域中的轨道进行编辑，从而实现预期的画面效果。双击剪映图标，单击"开始创作"按钮（见图4-4），即可进入专业版剪映编辑界面（见图4-5）。

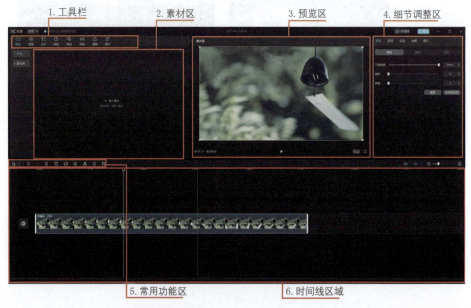

图 4-5

第4章 熟悉操作，让后期剪辑又快又好

工具栏：工具栏区域中包含"媒体""音频""文本""贴纸""特效""转场""滤镜""调节"8个选项。其中，只有"媒体"选项没有在手机版剪映中出现。选择"媒体"选项后，可以选择从"本地"或"素材库"导入素材至素材区。

素材区：无论是从"本地"导入的素材，还是工具栏中的"贴纸""特效""转场"等工具，其素材和效果均会在素材区显示。

预览区：在后期剪辑过程中，可随时在预览区查看效果。单击预览区右下角的 图标可进行全屏预览；单击右下角的 原始 图标，可以调整画面比例。

细节调整区：当选中时间线区域中的某个轨道后，在细节调整区即会出现该轨道的细节设置。选中"视频轨道""文本轨道""贴纸轨道"时，细节调整区分别如图4-6、图4-7、图4-8所示。

图4-6　　　　　　　图4-7　　　　　　　图4-8

常用功能区：在常用功能区中可以快速对视频轨道进行"分割""删除""定格""倒放""镜像""旋转""裁剪"等操作。

另外，如果操作有误，单击该功能区中的 图标，即可将上一步操作撤回；单击 图标，即可将鼠标的作用设置为"选择"或者"切割"。当设置为"切割"时，在视频轨道上单击，即可在当前位置切割视频。

时间线区域：时间线区域中包含三大元素，分别为时间刻度、轨道和时间轴。

由于专业版剪映的界面较大，所以不同的轨道可以同时显示在时间线区域中，如图4-9所示。与手机版剪映相比，这是其明显的优势，可以提高后期剪辑的效率。

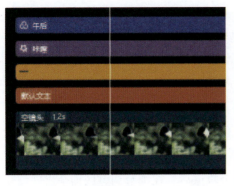

图 4-9

提示：在使用手机版剪映时，由于图片和视频都在"相册"中，所以"相册"就相当于剪映的素材区。但对于专业版剪映而言，电脑中并没有一个固定的存储图片和视频的文件夹。所以，专业版剪映才会出现了单独的素材区。因此，在使用专业版剪映进行后期剪辑的第一步，就是将准备好的一系列素材全部添加到剪映的素材区中。在后期剪辑过程中，需要哪个素材，直接将其从素材区拖动到时间线区域即可。

另外，如果需要将视频轨道拉长，从而精确选择动态画面中的某个瞬间，则可以通过时间线区域右侧的 ⊖━━●━━⊕ 进行调节。

4.2　时间线区域中有哪三大元素

时间线区域中的三大元素分别是时间刻度、轨道和时间轴。下面将具体介绍这三大元素在视频剪辑时的作用。

4.2.1　时间刻度有什么用

在时间线区域的最上方是一排时间刻度。用户通过时间刻度，可以准确判断当前时间轴的所在时间点。但更重要的作用在于，在视频轨道被拉长或者缩短时，时间刻度的"跨度"也会跟着变化。

当视频轨道被拉长时，时间刻度的跨度最小可以达到2.5帧/节点，有利于精确定位时间轴的位置，如图4-10所示。而当视频轨道被缩短时，则有利于时间轴快速在较大时间范围内进行移动。

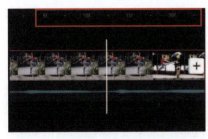

图 4-10

4.2.2 轨道有什么用

占据时间线区域较大比例的是各种轨道。图 4-11 中有人物的是主视频轨道；主视频轨道下方分别是音效轨道和音频轨道。

时间线区域中还有各种各样的轨道，如特效轨道、文本轨道、滤镜轨道等。通过各种轨道的首尾位置，即可确定其时长及作用范围。

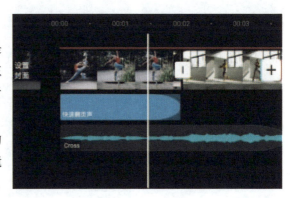

图 4-11

1. 调整同一轨道上多段视频素材的顺序

利用轨道，可以快速调整多段视频素材的排列顺序。

Step 01：缩短时间线区域，让每一段视频都能显示在编辑界面中，如图 4-12 所示。

Step 02：长按需要调整位置的视频素材，并将其拖动到目标位置，如图 4-13 所示。

Step 03：手指离开屏幕后，即完成视频素材顺序的调整，如图 4-14 所示。

图 4-12　　　　　　图 4-13　　　　　　图 4-14

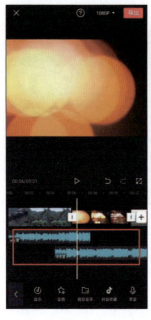

除调整视频素材的顺序外，也可以利用相似的方法调整其余轨道的顺序或者改变其所在的轨道。

例如，图 4-15 中有两条音频轨道，如果配乐不会重叠，则可以长按其中一条音频轨道，将其与另一条音频轨道放在同一轨道上，如图 4-16 所示。

2. 快速调整视频素材的时长

在剪辑时，经常需要调整视频素材的时长，下面介绍快速调整的方法。

Step 01：选中需要调整时长的视频轨道，如图 4-17 所示。

图 4-15　　　　　图 4-16

Step 02：拖动白框以拉长或者缩短视频时，其时长会时刻在左上角显示，如图 4-18 所示。

Step 03：拖动左侧或右侧的白框，即可调整视频时长，如图 4-19 所示。需要注意的是，如果视频片段已经完全出现在轨道中，则无法继续增加其时长。另外，应提前确定好时间轴的位置，这样当缩短视频时长至时间轴附近时，会有吸附效果。

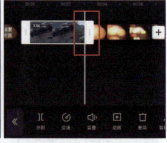

图 4-17　　　　　图 4-18　　　　　图 4-19

3. 调整效果覆盖范围

无论是添加文字，还是添加音乐、滤镜、贴纸等效果，都需要确定其覆盖范围，即确定从哪个画面开始到哪个画面结束应用这种效果。

Step 01：移动时间轴以确定应用该效果的起始画面，然后长按特效轨道并拖动（此处以特效轨道为例），将特效轨道的左侧与时间轴对齐，如图4-20所示。

Step 02：点击特效轨道，使其边缘出现白框，之后移动时间轴以确定效果覆盖的结束画面，如图4-21所示。

Step 03：拖动右侧白框，将其与时间轴对齐。同样，当白框拖动至时间轴附近时，就会被自动吸附，所以不用担心能否对齐的问题，如图4-22所示。

4．实现多种效果同时应用到视频

在同一时间段内，可以具有多个轨道，如音频轨道、文本轨道、贴纸轨道、滤镜轨道等。所以，当播放这段视频时，就可以同时加载这段视频的所有效果，最终呈现丰富多彩的视频画面，如图4-23所示。

图 4-20

图 4-21

图 4-22

图 4-23

4.2.3 时间轴有什么用

时间线区域中那条竖直的白线就是时间轴,随着时间轴在视频轨道上的移动,预览区会显示当前时间轴所在那一帧的画面。在进行视频剪辑,以及调整特效、贴纸等效果的覆盖范围时,往往都需要先移动时间轴到指定位置,然后再拖动相关轨道至时间轴,以实现精确定位。在视频后期剪辑中,熟练运用时间轴可以让素材之间的衔接更流畅,让效果的覆盖范围更精确。

1. 利用时间轴精确定位画面

当从一个视频中截取片段时,只需要在移动时间轴的同时预览画面,通过画面内容来确定截取片段的起始时刻和结束时刻。

图 4-24

图 4-25

以图 4-24 和图 4-25 为例,利用时间轴可以精确定位视频中中间女子走到左侧男子身前的画面,从而确定所截取视频的起始时刻(0s)和结束时刻(2s 过 21 帧)。

通过时间轴定位视频画面几乎是所有后期剪辑中的必要操作。因为对于任何一种后期效果,都需要确定其覆盖范围。而"覆盖范围"其实就是利用时间轴来确定效果的起始时刻和结束时刻。

2. 利用时间轴快速、大范围移动的方法

在处理长视频时,因为时间跨度比较大,所以从视频开头移动到视频结尾需要较长的时间。

此时可以将视频轨道"缩短"(两个手指收拢,同缩小图片操作),从而让时间

第4章 熟悉操作，让后期剪辑又快又好

轴只移动较短距离，就可以实现视频时间刻度的大范围跳转。

例如，在图 4-26 中，由于每一格的时间跨度高达 5s，所以一个 53s 的视频，将时间轴从开头移动到结尾可以在极短时间内完成。

另外，在缩短视频轨道后，每一段视频在界面中显示的时长也变短了，从而可以更方便地调整视频的排列顺序。

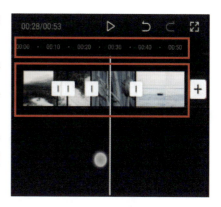

图 4-26

3. 利用时间轴定位更精准的方法

拉长视频轨道后（两个手指分开，同放大图片操作），时间刻度将以"帧"为单位显示。

动态的视频其实就是连续播放多个画面所呈现的效果，组成视频的每一个画面被称为"帧"。

在使用手机录制视频时，其帧率一般为 30fps，即每秒连续播放 30 个画面。

所以，将轨道拉至最长时，每秒都被分为多个画面来显示，从而极大地提高了

图 4-27

图 4-28

画面选择的精度。

例如，图 4-27 中展示的 15f（17s 第 15 帧）的画面和图 4-28 中展示的 17.5f（17s 第 17.5 帧）的画面就存在细微的区别。而在拉长轨道后，则可以通过时间轴在这细微的区别中进行选择。

4.3 如何使用"分割"功能

4.3.1 "分割"功能的作用

当需要将视频中的某部分删除时,就需要使用"分割"功能。

另外,如果想调整一整段视频某些画面的播放顺序,同样需要使用"分割"功能,将其分割成多个片段,从而对播放顺序进行重新调整,这种视频的剪辑方法被称为"蒙太奇"。

4.3.2 利用"分割"功能截取精彩片段

在导入一段视频素材后,往往需要截取出其中需要的部分。当然,通过选中视频轨道,然后拖动白框同样可以实现截取片段的目的。但在实际操作过程中,该方法的精确度不是很高。因此,如果需要精确截取片段,笔者推荐使用"分割"功能进行操作。

Step 01:将视频轨道拉长,从而可以精确定位精彩片段的起始位置。确定起始位置后,点击界面下方的"剪辑"选项,如图4-29所示。

Step 02:点击界面下方的"分割"选项,如图4-30所示。

Step 03:此时会发现在所选位置出现黑色实线及 | 图标,即证明在此处分割了视频,如图4-31所示。将时间轴移动至精彩片段的结尾处,按同样方法对视频进行分割。

Step 04:将视频轨道缩短,即可发现在两次分割后,原本只有一段的视频变为了三段,如图4-32所示。

Step 05:分别选中前后两段视频,点击界面下方的"删除"选项,如图4-33所示。

Step 06:当前后两段视频被删除后,就只剩下需要保留下来的精彩片段了,点击界面右上角的"导出"即可保存视频,如图4-34所示。

第4章 熟悉操作，让后期剪辑又快又好

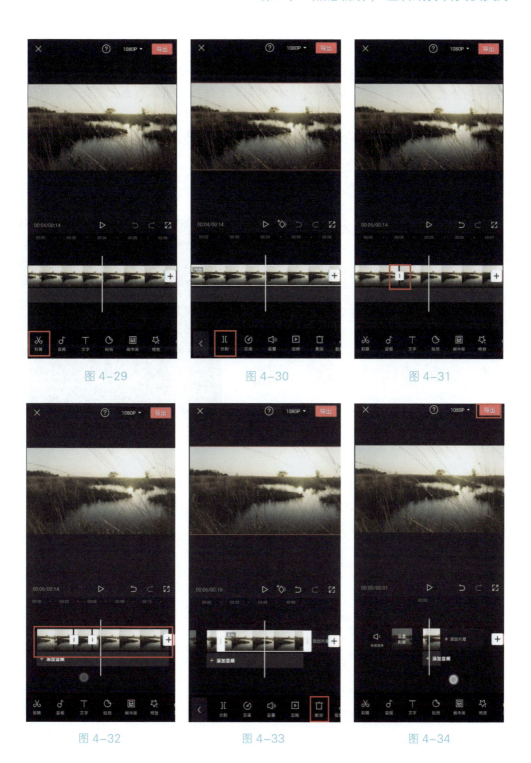

图 4-29　　　　　　图 4-30　　　　　　图 4-31

图 4-32　　　　　　图 4-33　　　　　　图 4-34

> 提示：一段原本5s的视频，通过"分割"功能可以截取其中的2s。此时选中这2s的视频轨道，并拖动其白框，依然能够将其恢复为5s的视频。因此，不要认为分割并删除无用的部分后，那部分会彻底消失。之所以提示各位此点，是因为在操作中如果不小心拖动了被分割视频的白框，那么被删除的部分会重新出现。一旦没有及时发现，就很有可能会影响接下来的一系列操作。

4.3.3 "分割"功能在专业版剪映中的位置

在专业版剪映中，Ⅱ图标即为"分割"功能，其位于常用功能区。

选中某个轨道，将时间轴移动至待分割的位置，单击Ⅱ图标即可将其分割为两段，如图4-35所示。

4.4 如何使用"编辑"功能

4.4.1 "编辑"功能的作用

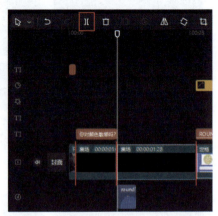

图4-35

如果前期拍摄的画面有些歪斜，或者构图存在问题，那么通过"编辑"功能中的"旋转""镜像""裁剪"功能可以在一定程度上进行弥补。但需要注意的是，除"镜像"功能外，另外两种功能都会或多或少地损伤画质。

4.4.2 利用"编辑"功能调整画面

Step 01：选中一个视频片段后，在界面下方找到"编辑"选项，如图4-36所示。

Step 02：点击"编辑"选项，会看到有三种操作可供选择，分别为"旋转"、"镜像"和"裁剪"，如图4-37所示。

Step 03：点击"裁剪"选项后，即可进入如图4-38所示的裁剪界面。通过调整画面大小，并移动画面，即可确定裁剪范围。需要注意的是，一旦选定裁剪范围后，整段视频的画面均会被裁剪。

第4章 熟悉操作，让后期剪辑又快又好

图 4-36

图 4-37

图 4-38

Step 04：点击界面下方的"比例"选项，即可固定裁剪框比例进行裁剪，如图 4-39 所示。

Step 05：调节界面下方的标尺，即可对画面进行旋转，如图 4-40 所示。对于一些拍摄歪斜的视频素材，可以通过该功能进行校正。

Step 06：若在图 4-37 中点击"镜像"选项，则视频画面会与原画面形成镜像对称，如图 4-41 所示。

Step 07：若在图 4-37 中点击"旋转"选项，则根据点击的次数，会分别旋转 90°、180°、270°，即只能调整画面的整体方向，如图 4-42 所示。这与 Step 05 中的精细调节画面水平的"旋转"不同。

图 4-39

图 4-40　　　　　　图 4-41　　　　　　图 4-42

4.4.3　"编辑"功能在专业版剪映中的位置

"编辑"功能在专业版剪映中同样被放在了常用功能区。其中，▲图标即为手机版剪映中的"镜像"功能；◇图标即为"旋转"功能；⌐图标即为"裁剪"功能，如图 4-43 所示。

图 4-43

4.5　如何使用"变速"功能

4.5.1　"变速"功能的作用

当录制一些运动中的景物时，如果运动速度过快，那么通过肉眼是无法清楚观察到每个细节的。此时可以使用"变速"功能来降低画面中景物的运动速度，形成

第4章 熟悉操作，让后期剪辑又快又好

慢动作效果，从而令每一个瞬间都清晰可见。

而对于一些变化太过缓慢，或者比较单调、乏味的画面，则可以通过"变速"功能适当提高速度，形成快动作效果，从而缩短这些画面的播放时间，让视频更生动。

另外，利用"曲线""变速"功能可以使画面的快与慢形成一定的节奏感，从而大大提高观看体验。

4.5.2 利用"变速"功能实现快动作与慢动作的混搭

Step 01：将视频导入剪映后，点击界面下方的"剪辑"选项，如图4-44所示。

Step 02：点击界面下方的"变速"选项，如图4-45所示。剪映提供了两种变速方式，一种为"常规变速"，即所选的视频统一调速；另一种为"曲线变速"，即对一段视频中的不同部分进行加速或者减速处理，而且加速、减速的幅度可以自行调节，如图4-46所示。

图4-44

图4-45

图4-46

Step 03：选择了"常规变速"时，可以通过滑动条控制加速或者减速的幅度。"1x"

为原始速度,"0.5x"为 2 倍慢动作,"0.2x"为 5 倍慢动作,以此类推即可确定慢动作的倍数,如图 4-47 所示。"2.0x"为 2 倍快动作,剪映最高可以实现 100 倍快动作,如图 4-48 所示。

Step 04:选择"曲线变速"时,则可以直接使用预设好的锚点,为视频中的不同部分添加慢动作或者快动作效果。但在大多数情况下,都需要使用"自定"选项,对视频进行手动设置,如图 4-49 所示。

图 4-47　　　　　　　图 4-48　　　　　　　图 4-49

Step 05:点击"自定"选项后,该图标变为红色,再次点击即可进入编辑界面,如图 4-50 所示。

Step 06:由于需要根据视频自行确定锚点位置,所以并不需要预设锚点。选中锚点后,点击"-删除点"即可将其删除,如图 4-51 所示。

Step 07:删除后的界面如图 4-52 所示。

第4章 熟悉操作，让后期剪辑又快又好

图 4-50　　　　　　　　图 4-51　　　　　　　　图 4-52

> **提示：** 曲线上的锚点除可以上下拉动外，也可以左右拉动，所以不删除锚点，通过拖动已有锚点也是可以的。在制作相对较复杂的曲线变速视频时，锚点数量会较多。没有被使用到的预设锚点可能会扰乱调节思路，所以笔者建议在使用曲线变速前删除原有的预设锚点。

Step 08：移动时间轴，将其移动到慢动作画面开始的位置，点击"＋添加点"，如图 4-53 所示，并向下拖动锚点。

Step 09：将时间轴移动到慢动作画面结束的位置，点击"＋添加点"，同样向下拖动锚点，从而形成一段持续的慢动作画面，如图 4-54 所示。

Step 10：按照这个思路，在需要实现快动作效果的区域也添加两个锚点，并向上拖动，从而形成一段持续的快动作画面，如图 4-55 所示。

如果不需要形成持续的快、慢动作画面，而是让画面在快动作与慢动作之间不断变化，则可以让锚点在高位及低位交替出现，如图 4-56 所示。

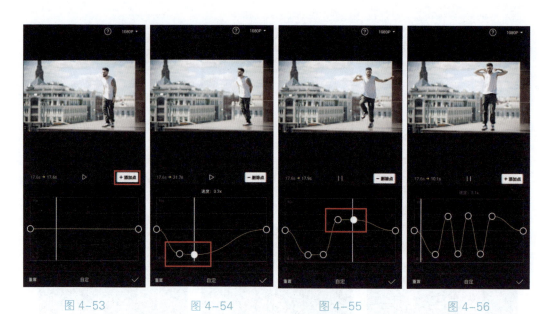

图 4-53　　　　图 4-54　　　　图 4-55　　　　图 4-56

4.5.3 "变速"功能在专业版剪映中的位置

在专业版剪映中选择任意视频素材后，可在右上角的细节调整区中找到"变速"选项。单击该选项下的"常规变速"和"曲线变速"按钮，即可调整视频速度，如图4-57、图4-58所示。

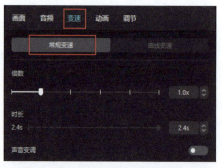

图 4-57

4.6 如何使用"定格"功能

4.6.1 "定格"功能的作用

"定格"功能可以将一段视频中的某个画面定格下来，从而起到突出某个瞬间的效果。另外，如果一段视频中多次出现定格画面，并

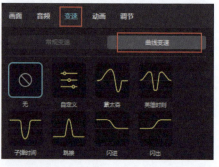

图 4-58

且其时间点与音乐节拍相匹配,则可以使视频具有律动感。

4.6.2 利用"定格"功能定格精彩舞蹈瞬间

Step 01:移动时间轴选择希望定格的画面,如图 4-59 所示。

Step 02:保持时间轴的位置不变,选中该视频轨道,此时可在工具栏中找到"定格"选项,如图 4-60 所示。

Step 03:点击"定格"选项后,在时间轴附近即会出现一段时长为 3s 的静态画面轨道,如图 4-61 所示。

图 4-59

图 4-60

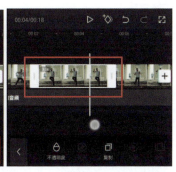
图 4-61

Step 04:定格出来的静态画面轨道可以随意拉长或者缩短。为了避免静态画面时间过长导致视频乏味,所以此处将其缩短至 0.8s,如图 4-62 所示。

按照相同的方法,可以为一段视频中任意一个画面做定格处理,并调整其时长。

Step 05:为了让定格后的静态画面更具观赏性,笔者在这里为其增加了"抖动"特效。注意:将特效的轨道与定格画面的轨道对齐,从而凸显视频节奏的变化,如图 4-63 所示。

图 4-62

图 4-63

4.6.3 "定格"功能在专业版剪映中的位置

选中任意一段视频素材,并将时间轴移动至该视频轨道范围内。此时,常用功能区的 图标即为"定格"功能,如图4-64所示。

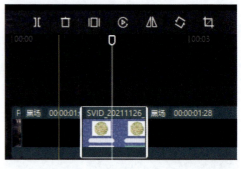

图4-64

4.7 如何使用"倒放"功能

4.7.1 "倒放"功能的作用

顾名思义,所谓"倒放"功能就是让视频从后向前播放。当视频记录的是一些随时间发生变化的画面时,如花开花落、日出日暮等,使用此功能可以营造出一种时光倒流的视觉效果。

由于此种应用方式过于常见,而且很简单,所以笔者通过曾经非常流行的"鬼畜"效果,来向各位讲解"倒放"功能的使用步骤。

4.7.2 利用"倒放"功能制作"鬼畜"效果

Step 01:使用"分割"功能截取视频中的一个完整动作。此处截取的是画面中人物回头向后看的动作,如图4-65所示。

Step 02:选中截取后的素材轨道,连续两次点击界面下方的"复制"选项,使视频轨道上出现3个相同的视频片段,如图4-66所示。

Step 03:选中位于中间的视频片段轨道,点击界面下方的"倒放"选项,从而营造出人物头向右转,又转回去的效果,如图4-67所示。

Step 04:选中第1个视频片段轨道,依次点击界面下方的"变速""常规变速"选项,并将速度调整为"3.0x",如图4-68所示。其余两个视频片段重复该操作。

第4章 熟悉操作，让后期剪辑又快又好

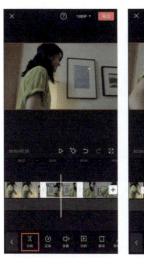
图 4-65

图 4-66

图 4-67

图 4-68

> **提示：** 在该效果中，虽然选中第1个和第3个视频片段轨道进行倒放也能形成"鬼畜"效果，但会让画面衔接出现问题——动作不连贯。所以，在将一整段视频中的某个动作制作为"鬼畜"效果时，建议选择复制后3个片段中的中间片段进行"倒放"。

4.7.3 "倒放"功能在专业版剪映中的位置

选中任意一段视频素材，即可在常用功能区找到"倒放"功能，图标为 ⟳，如图 4-69 所示。

图 4-69

4.8 如何使用"防抖"和"降噪"功能

4.8.1 "防抖"和"降噪"功能的作用

在使用手机录制视频时，很容易在运镜过程中出现画面晃动的问题。而剪映中的"防抖"功能可以明显减弱晃动幅度，让画面看起来更加平稳。

至于"降噪"功能，则可以降低户外拍摄视频时产生的噪音。如果在安静的室内拍摄视频，其本身就几乎没有噪音，那"降噪"功能可以明显地提高人声的音量。

4.8.2 "防抖"和"降噪"功能的操作步骤

Step 01：选中视频轨道，点击界面下方的"防抖"选项，如图4-70所示。

Step 02：在弹出的菜单中选择"防抖"的程度，一般设置为"推荐"即可，如图4-71所示。

Step 03：在选中视频轨道的情况下，点击界面下方的"降噪"选项，如图4-72所示。

Step 04：将界面右下角的"降噪开关"打开，即完成"降噪"操作，如图4-73所示。

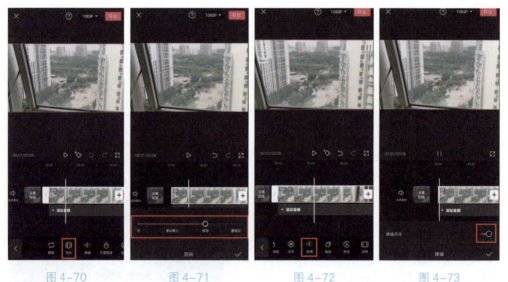

图4-70　　　　图4-71　　　　图4-72　　　　图4-73

> 提示：无论是"防抖"功能还是"降噪"功能，其作用都是相对有限的。如果想获得高品质的视频，则需要在前期就拍摄相对平稳并且噪音较小的画面，如使用稳定器及降噪麦克风进行拍摄。

4.8.3 "防抖"和"降噪"功能在专业版剪映中的位置

选中任意一段视频轨道,选择细节调整区中的"画面"选项,即可找到"视频防抖"功能,如图4-74所示。

若选中的视频素材有声音,则选择细节调整区中的"音频"选项后可找到"音频降噪"功能,如图4-75所示。若选中的是音频轨道,则在细节调整区中可直接找到"音频降噪"功能。

图4-74

图4-75

4.9 如何使用"关键帧"功能

4.9.1 "关键帧"功能的作用

如果在一条轨道上添加了两个关键帧,并且在后一个关键帧处改变了显示效果(如放大或缩小画面,移动贴纸位置、蒙版位置,修改了滤镜参数等),那么在播放两个关键帧之间的画面时,第1个关键帧所在位置的效果会逐渐转变为第2个关键帧所在位置的效果。

因此,通过这个功能,可以让一些原本不会移动的、非动态的元素在画面中动起来,或者让一些后期增加的效果随时间渐变。

4.9.2 利用"关键帧"功能让贴纸移动

Step 01:为画面添加一个"播放"图标,再添加一个"鼠标箭头"贴纸,如图4-76

所示。接下来通过"关键帧"功能,让原本不会移动的"鼠标箭头"贴纸动起来——从画面一角移动到"播放"图标处。

Step 02:将"鼠标箭头"贴纸移动到画面的右下角,再将时间轴移动至该贴纸轨道最左端,点击界面中的◇图标添加一个关键帧,如图4-77所示。

Step 03:将时间轴移动到"鼠标箭头"贴纸轨道偏右侧的区域,然后移动贴纸至"播放"图标处,此时剪映会自动在时间轴所在位置再添加一个关键帧,如图4-78所示。

至此,就实现了"鼠标箭头"贴纸逐渐从一角移动至"播放"图标处的效果。

> **提示**:除案例中的移动贴纸外,关键帧还有非常多的应用方式。例如,关键帧结合滤镜,可以实现渐变色的效果;关键帧结合蒙版,可以实现蒙版逐渐移动的效果;关键帧结合视频画面的放大与缩小,可以实现拉镜、推镜的效果;关键帧甚至还能够与音频轨道相结合,实现音量渐变效果等。总之,关键帧是剪映中非常实用的工具,充分挖掘其功能可以实现很多创意效果。

图 4-76

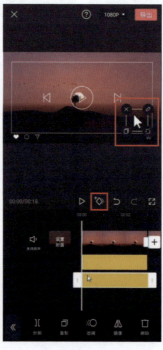

图 4-77

图 4-78

4.9.3 "关键帧"功能在专业版剪映中的使用方法

由于专业版剪映的"关键帧"功能的使用方法与手机版剪映稍有不同,所以此处不但会介绍该功能的位置,还会演示具体操作步骤。

1."更精确的"关键帧

专业版剪映的"关键帧"功能与手机版剪映的"关键帧"功能最大的区别在于:专业版剪映的"关键帧"功能可以针对视频中的各种不同元素进行单独设置;而手机版剪映的"关键帧"功能则只能对所有元素的变化进行渐变处理。

例如,在手机版剪映中,如果在一个时间点为视频添加了关键帧,那么在这个时间点之后,若对视频既进行了色彩的调整,又进行了画面大小的调整,那么无论是色彩还是画面大小都会发生渐变。

但在专业版剪映中,则可以单独为色彩的调整添加关键帧,所以即便在关键帧之后调整了画面的大小,也不会产生画面大小的渐变,而只会出现色彩的渐变。

这两种版本的关键帧其实无法说谁比谁更好,只能说是各有千秋。因为如果我们本来就要实现色彩和画面大小同时渐变,那么手机版剪映的操作就会更简单。如果只想实现色彩渐变,那么在使用专业版剪映时就不用担心在关键帧之后进行的各种除色彩之外的其他操作会影响画面效果了。

2.利用专业版剪映的"关键帧"功能让贴纸移动

Step 01:依旧是先通过添加贴纸来营造画面,并将时间轴移动至轨道最左侧,如图 4-79 所示。

Step 02:将"鼠标箭头"贴纸移动至画面右下角,如图 4-80 所示。

Step 03:选中"鼠标箭头"贴纸轨道,单击界面右上角的"位置"选项右侧的 ◼图标,当其变为 ◔图标后,即添加了关键帧。这里会发现,除"位置"选项外,其余每个选项的右侧也有 ◼图标,这就需要根据制作效果来选择添加关键帧了。

因为笔者只想让"鼠标箭头"贴纸的位置移动,所以只打上"位置"的关键帧即可,如图 4-81 所示。

| 图 4-79 | 图 4-80 | 图 4-81 |

Step 04：将时间轴移动到"鼠标箭头"贴纸轨道的结尾，如图 4-82 所示。

Step 05：保持时间轴的位置不变，将"鼠标箭头"贴纸移动到"播放"图标上，如图 4-83 所示。

Step 06：此时会发现，右上角"位置"选项处的关键帧自动被添加了，如图 4-84 所示。因为贴纸的位置发生了变化，而我们又在之前针对"位置"添加了关键帧，这样就实现了让贴纸移动到"播放"图标上的效果。

Step 07：而如果将时间轴移动到两个关键帧之间的位置（见图 4-85），并将箭头放大（见图 4-86）。若是在手机版剪映上，那么时间轴所在的位置会被自动添加关键帧，并且会出现箭头逐渐变大的效果。

但是，在专业版剪映中并没有出现这种情况，而是整个贴纸轨道的箭头都变大了。这是因为关键帧只是针对"位置"打上的，并没有针对"缩放"。

> **提示**：若要在专业版剪映上同时实现贴纸位置和大小的变化，则除单击"位置"选项右侧的◆图标外，还要单击"缩放"选项右侧的◆图标，即同时添加"位置"的关键帧和"缩放"的关键帧，如图 4-87 所示。

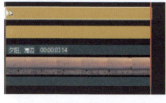

| 图 4-82 | 图 4-83 | 图 4-84 |

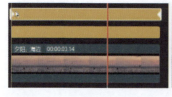

| 图 4-85 | 图 4-86 | 图 4-87 |

第4章 熟悉操作，让后期剪辑又快又好

4.10 如何使用"替换"功能

4.10.1 "替换"功能的作用

如果在视频后期剪辑已经基本完成时发现了更好的素材，想重新制作视频，按照常规方法，需要重新对该段视频进行剪辑及添加各种效果。但通过剪映的"替换"功能，即可一键将已经剪辑好的素材替换为新素材，无论是片段时长，还是添加的各种效果，都可直接应用到替换的新素材上，从而大大提高视频后期剪辑效率。

4.10.2 利用"替换"功能替换素材

Step 01：如图 4-88 所示，视频已经完成了后期剪辑，除必要的剪辑外，还添加了特效和贴纸。如果要保留视频片段的时长和效果，快速更换素材，则需选中该素材轨道，并点击界面下方的"替换"选项。

Step 02：从相册中选择已经准备好的素材，如图 4-89 所示。

Step 03：所选的新素材会直接替换原有素材，并保证特效、贴纸、时长等不发生变化，如图 4-90 所示。需要注意的是，所选新素材的时长要长于原素材的时长。

图 4-88

图 4-89

图 4-90

> 提示：选中特效轨道，在界面下方可以找到"替换特效"选项，利用它可以快速切换不同特效，且特效的持续时间和覆盖范围均不会发生改变。

4.10.3 "替换"功能在专业版剪映中的位置

将鼠标光标移动至任意一段视频轨道上，单击鼠标右键，即可从快捷菜单中找到"替换片段"功能，如图4-91所示。

图4-91

4.11 如何使用"贴纸"功能

4.11.1 "贴纸"功能的作用

用户通过"贴纸"功能，可以快速为视频添加贴纸，并对贴纸进行个性化调整。贴纸的类型不同，其具体作用也有区别。例如，一些箭头类贴纸，起到引导观众视线到关键区域的作用；一些装饰类贴纸，起到美化画面的作用；一些文字类贴纸，负责视频关键内容的输出。所以，"贴纸"功能在视频后期剪辑过程中的使用频率非常高。

4.11.2 通过"贴纸"功能表现"新年"主题

Step 01：点击界面下方的"贴纸"选项，如图4-92所示。

第4章 熟悉操作，让后期剪辑又快又好

Step 02：点击界面下方的"添加贴纸"选项，如图4-93所示。

Step 03：选择合适的贴纸，或者在搜索栏搜索贴纸，此处选择的为表现新年主题的"Happy New Year"，如图4-94所示。

图4-92

图4-93

图4-94

Step 04：选中贴纸轨道，在预览区做缩小手势即可调整贴纸的大小。此时可看到4个图标，点击 图标可删除该贴纸；点击 图标可为贴纸选择动画；点击 图标可复制该贴纸；按住 图标并拖动，可以旋转、放大或缩小贴纸，如图4-95所示。

Step 05：调整贴纸至合适位置后，通过调整贴纸轨道位置和长度可控制其显示的时间段。利用界面下方的"分割"功能，可以像分割视频轨道那样分割贴纸轨道，这是另一种调整轨道长度和显示时间段的方式。通过"镜像"功能，则可以让贴纸左右颠倒显示，但此处并不需要该功能。而其余功能，包括"复制""动画""删除"，通过Step 04中介绍的各个图标即可实现，如图4-95所示。

Step 06：点击"跟踪"选项，然后确定要跟踪的物体，如图4-96所示。此处选择跟踪左侧的人物剪影，并点

图4-95

击界面下方的"开始跟踪",即可实现贴纸跟随该人物跳起的高度而不断调整位置的动态效果,如图4-97所示。

4.11.3 "贴纸"功能在专业版剪映中的位置

单击界面左上角的"工具栏"中的"贴纸"按钮,即可在左侧各个分类中选择需要的贴纸;还可以在"搜索栏"中输入与贴纸有关的关键词,从而找到理想的贴纸,如图4-98所示。

图4-96　　　　图4-97

图4-98

4.12　有哪些实用的后期技巧

为了制作精彩的视频,有时还需要使用一些小技巧。

4.12.1 如何去除剪映Logo

使用剪映对视频进行后期剪辑，在以下两种情况下，导出的视频会出现剪映Logo：使用"剪同款"生成的视频带有剪映Logo；片尾会出现剪映Logo。

对于第一种情况，切记不要点击图标导出，而是要点击"无水印导出分享"，如图4-99所示，这样导出的视频就没有剪映Logo了。

对于第二种情况，是因为在默认情况下，剪映会自动添加带有Logo的片尾，只需要选中该片尾轨道，然后删除即可，如图4-100所示。

图4-99　　　　　　　　　　　图4-100

4.12.2 如何收藏喜欢的特效、文字模板

进入特效界面，选择喜欢的特效，然后点击预览区右下角的"收藏"选项，即可收藏该特效，如图4-101所示。收藏文字模板的方式与收藏特效相同，故不再赘述。

如果想快速找到收藏的特效或文字模板，则在进入相应的界面后点击"收藏"选项，即可看到所有收藏的特效或文字模板，如图4-102所示。

图4-101

图4-102

4.12.3 如何通过后期剪辑让视频画面更稳定

如果视频画面抖动得比较厉害，可以通过以下步骤进行防抖优化。

Step 01：选择抖动的视频轨道，点击界面下方的"防抖"选项，如图4-103所示。

Step 02：设置防抖的程度，在大多数情况下选择"推荐"选项即可。但如果发现视频裁切过多，则选择"裁切最少"选项；如果稳定度没有达到预期效果，则选择"最稳定"选项，如图4-104所示。

需要注意的是，防抖效果越明显，视频被裁切的区域就越大，而且该功能并非一定可以解决视频抖动的问题，只能作为一种尝试。所以，要想获得稳定的视频，最好还是在前期拍摄时就尽量拍得稳定。

图 4-103　　　　　　　　　　图 4-104

4.13　一个完整的视频剪辑流程包括哪些步骤

视频的剪辑流程应该根据素材和预期效果来确定，并不是一成不变的。但大多数都包括导入素材、调整画面比例、添加背景、调整画面大小和位置、剪辑视频、润色视频、添加音乐和导出视频 8 个步骤。

4.13.1　导入素材

Step 01：打开剪映后，点击"开始创作"选项，如图 4-105 所示。

Step 02：选择希望处理的视频，然后点击界面下方的"添加"选项，即可将该视频导入。

当选择了多个视频导入剪映时，其在编辑界面的排列顺序与选择顺序一致，并且在如图 4-106 所示的导入视频界面中也会出现序号。当然，导入视频后，在编辑界面中可以随时改变视频排列顺序。

图 4-105　　　　　　　图 4-106

4.13.2 调整画面比例

无论是将制作好的视频发布到抖音还是快手，均建议各位将画面比例设置为"9∶16"。

因为在刷短视频时，大多数人会竖着拿手机，"9∶16"的画面比例对于观众来说更方便观看。

Step 01：打开剪映，点击界面下方的"比例"选项，如图4-107所示。

Step 02：在界面下方选择所需的视频比例，建议设置为"9∶16"，如图 4-108 所示。

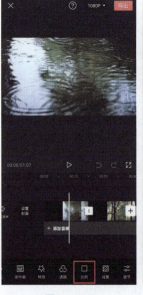

图 4-107　　　　　　　图 4-108

4.13.3 添加背景

在调整画面比例之后,如果视频画面与所设比例不一致,则画面四周可能会出现黑边。防止出现黑边的其中一种方法就是添加背景。

Step 01:将时间轴移动到希望添加背景的视频轨道内,点击界面下方的"背景"选项,如图 4-109 所示。

Step 02:从"画布颜色""画布样式""画布模糊"中选择一种背景风格,如图 4-110 所示。其中,"画布颜色"为纯色背景,"画布样式"为有各种图案的背景,"画布模糊"是将当前画面放大并模糊后作为背景。笔者更偏爱"画布模糊"背景风格,因为该风格的背景与画面的割裂感最小。

Step 03:此处以选择"画面模糊"背景风格为例。当选择该背景风格后,可以设置不同模糊程度的背景,如图 4-111 所示。

图 4-109

图 4-110

图 4-111

需要注意的是,如果此时视频中有多个片段,那么背景只会被加载到时间轴所在的片段中;如果需要为其余所有片段均添加同类背景,则需要点击图 4-111 左下方的"应用到全部"。

4.13.4 调整画面大小和位置

在调整画面比例后，也可以通过调整画面大小和位置，使其铺满整个预览区，同样可以避免出现黑边的情况。

Step 01：在视频轨道中选中需要调整大小和位置的视频片段，此时预览画面中会出现红框，如图 4-112 所示。

Step 02：放大画面，使其铺满整个预览区，如图 4-113 所示。

Step 03：由于原始画面的比例发生了变化，所以要适当调整画面的位置，使构图更好看。在预览区长按画面进行拖动即可调整位置，如图 4-114 所示。

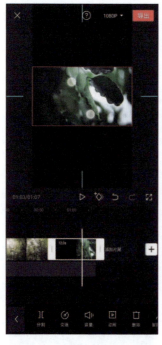
图 4-112

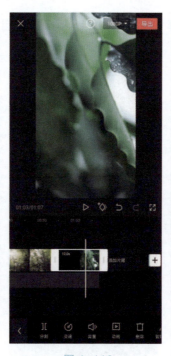
图 4-113

图 4-114

4.13.5 剪辑视频

将多个视频片段按照一定顺序组合成一个完整视频的过程，叫作剪辑。

即使整个视频只有一个镜头或一个片段，也可能需要将多余的部分删除掉，

第4章　熟悉操作，让后期剪辑又快又好

或者是将其分成不同的片段，重新进行排列组合，进而产生完全不同的视觉感受，这同样是"剪辑"。

将一段视频导入剪映后，与剪辑相关的工具基本都在"剪辑"选项中，如图 4-115 所示。其中，常用的工具为"分割"和"变速"，如图 4-116 所示。

另外，在多段视频间添加转场效果也是剪辑中的重要操作，可以让视频更流畅、自然，图 4-117 所示即为转场编辑界面。

图 4-115

图 4-116

图 4-117

4.13.6　润色视频

与图片相似，一段视频的影调和色彩也可以通过后期剪辑来润色。

Step 01：打开剪映后，导入需要进行润色的视频，点击界面下方的"调节"选项，如图 4-118 所示。

Step 02：选择"亮度""对比度""高光""阴影""色温"等工具，拖动滑动条，即可实现对画面明暗、色彩等的调整，如图 4-119 所示。

Step 03：也可以点击图 4-118 中的"滤镜"选项，在如图 4-120 所示的界面中，通过添加滤镜来调整画面的影调和色彩。拖动滑动条，可以控制滤镜的强度，得到理想的画面。

图 4-118

图 4-119

图 4-120

除改变画面的影调和色彩外，添加"特效""动画""贴纸"等也是润色视频的常用方法。

Step 04：点击界面下方的"特效"选项，再点击不同效果的缩略图，即可添加特效，如图 4-121 所示。

Step 05：选中视频轨道，点击界面下方的"动画"选项，即可为画面添加动画，实现多种动态效果，如图 4-122 所示。

4.13.7　添加音乐

在将多个视频串联为一个视频，再对视频进行润色之后，视觉效果就基本确定了。接下来，需要为视频添加音乐，进一步烘托视频所要传达的情绪与氛围。

Step 01：点击视频轨道下方的"+添加音频"，或者点击界面左下角的"音频"

选项，即可进入音频编辑界面，如图4-123所示。

Step 02：点击界面左下角的"音乐"选项即可选择背景音乐，如图4-124所示。若在该界面点击"音效"选项，则可以选择一些简短的音效，针对视频中某个特定的画面进行配音。

Step 03：进入音乐选择界面后，点击音乐右侧的⬇图标，即可下载该音乐，如图4-125所示。

Step 04：下载完成后，⬇图标会变为"使用"字样。点击"使用"后，即可将所选音乐添加至视频中，如图4-126所示。

图4-121　　　　图4-122

图4-123　　图4-124　　图4-125　　图4-126

4.13.8 导出视频

对视频进行剪辑、润色,并添加音乐后,就可以将其导出保存或者上传到抖音、快手中进行发布了。

Step 01:点击剪映右上角的"1080P"字样,如图 4-127 所示。

Step 02:弹出如图 4-128 所示界面,对分辨率和帧率进行设置,然后点击右上角的"导出"即可。在一般情况下,分辨率设置为"1080P",帧率设置为"30"就可以。但如果有充足的存储空间,则建议将分辨率和帧率均设置为最高。

Step 03:成功导出后,可以在相册中查看该视频,或者点击"抖音""西瓜视频"选项直接发布,如图 4-129 所示。若点击界面下方的"更多",则可直接分享到"今日头条"。

 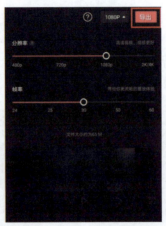 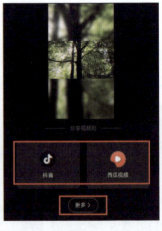

图 4-127　　　　　　　图 4-128　　　　　　　图 4-129

4.14 专业版剪映该如何操作

上文已经对专业版剪映中的重要功能进行了介绍,接下来通过制作"酷炫人物三屏卡点"效果,来介绍专业版剪映的操作方法。

4.14.1 确定画面比例和音乐节拍点

既然涉及音乐卡点，就要先确定背景音乐和节拍点，具体操作步骤如下。

Step 01：打开剪映，单击左上角的"视频"按钮，选择"素材库"选项，在"黑白场"界面中添加"黑场"素材，如图4-130所示。

Step 02：单击预览窗口右下角的"原始"

图4-130

按钮，将画面比例设置为"9∶16"，如图4-131所示。

Step 03：依次单击界面上方的"音频"按钮，选择"本地"选项，导入准备好的视频选项。此时，剪映会自动将该视频的背景音乐提取出来，然后将该音频添加至音频轨道，如图4-132所示。

图4-131　　　　　　　图4-132

图4-133

Step 04：手动添加节拍点。在专业版剪映中，单击时间线区域左上角的▣图标，即可在时间轴所在位置添加节拍点，如图4-133所示。

Step 05：对于此案例的背景音乐而言，在所有出现"枪声"的地方添加节拍点即可。添加节拍点后的音频轨道如图4-134所示。

图 4-134

4.14.2 添加文字并确定视频素材在画面中的位置

接下来制作视频开头文字的部分,并让视频以三屏的形式在画面中出现,具体操作步骤如下。

Step 01:将"黑场"素材轨道的结尾与第 1 个节拍点对齐,从而确定文字部分的时长,如图 4-135 所示。

Step 02:单击左上角的"文本""新建文本"选项,将光标悬停在"默认文本"上方,并单击右下角的 ⊕ 图标,新建文本轨道,如图 4-136 所示。

图 4-135

图 4-136

Step 03:选中新建的文本轨道,在界面右上方编辑文字内容。此处根据背景音乐的歌词输入"Ya",如图 4-137 所示。

Step 04:保持该文本轨道被选中的状态,单击右上角的"动画"按钮,为其添加"入场动画"中的"收拢",如图 4-138 所示。

图 4-137

Step 05:新建两条文本轨道,分别输入"What can I say""It's OK"两句歌词,并通过相同的方法进行处理。

Step 06:根据背景音乐中歌词的出现时刻,确定三句英文在轨道上的具体位置,实现歌词唱到哪句,画面中就出现哪句的效果,如图 4-139 所示。

第4章 熟悉操作，让后期剪辑又快又好

> 提示：为了提高处理效率，可以直接复制已经处理好的"Ya"的文本轨道，然后只修改文字。这样就不用重复设置了。

图 4-138

Step 07：将视频导入剪映，然后添加至视频轨道，使其紧接"黑场"素材轨道。将时间轴移动到第 2 个节拍点处，单击时间线区域左上角的Ⅱ图标进行分割，如图 4-140 所示。

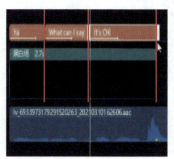

图 4-139

Step 08：将时间轴移动到第 3 个节拍点处，并进行分割，如图 4-141 所示。这样，就将一段视频分割成了 3 段。

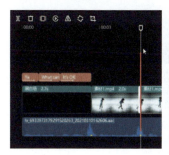

图 4-140

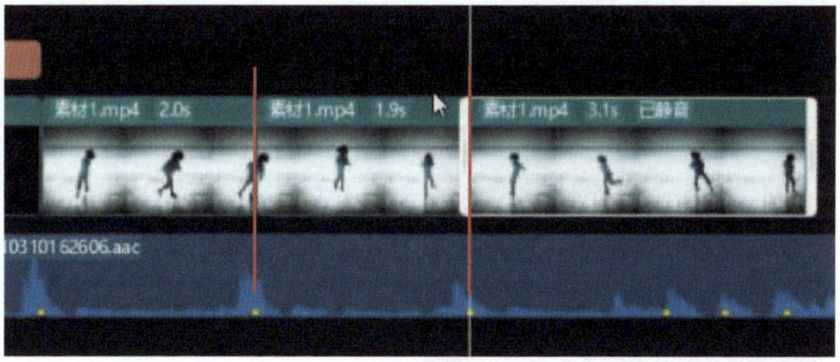

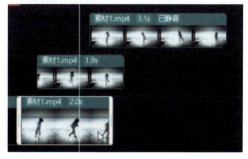

图 4-141

Step 09：按照时间顺序，将分割出的后两段视频分别放在主视频轨道上方的视频轨道中，此处相当于手机端剪映的"画中画"功能，如图 4-142 所示。这时先不用确定其起始位置，只要将其拖动到各自的轨道中即可。

Step 10：选中主轨道视频，因为该视频片段是第一个出现的，所以将其移动到画面的最上方，如图 4-143 所示。

图 4-142

Step 11：按照相同的方法，分别选中第2层及第3层轨道的视频片段，并将其分别置于画面中央和最下方，如图4-144所示。

4.14.3 制作随节拍点出现画面的效果

通过精确控制每一层轨道上视频片段的起始位置，再配合"定格"功能，就可以实现随节拍点出现画面，并且定格在某一瞬间的效果，具体操作步骤如下。

图4-143

图4-144

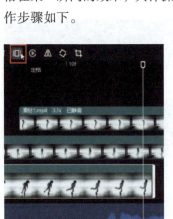

图4-145

Step 01：将时间轴移动到主视频轨道的结尾处，单击时间线区域左上角的 图标，如图4-145所示。此时会出现一段时长为3s的定格画面。

Step 02：选中该定格画面，并将其轨道结尾与第4个节拍点对齐，如图4-146所示。

Step 03：选中第2层视频轨道，并将其起点与第2个节拍点对齐，如图4-147所示。

Step 04：将时间轴移动到该段视频轨道的结尾，点击 图标进行定格，并将定格画面的轨道结尾与第4个节拍点对齐，如图4-148所示。

Step 05：将第3层视频轨道的开头与第3个节拍点对齐，结尾与第4个节拍点对齐，如图4-149所示。

图4-146

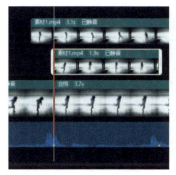

图 4-147

这样就形成了三屏随节拍点出现在画面中,并且定格在某一瞬间的效果。

下面制作 3 张静态图片三屏卡点的效果。其实,如果学会了以上动态视频三屏卡点效果的制作,后面的静态图片三屏卡点的方法是几乎完全相同的。不同的地方在于不用分割了,也不用定格了。所以这里不再赘述操作步骤,处理完成后的轨道如图 4-150 所示。

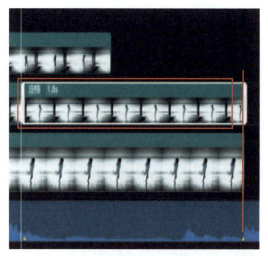

图 4-148

接下来,还有一段女孩儿跳舞的视频,需要按照与上文所述相同的方法,也制作为三屏卡点效果。读者正好可以自己练一练,看是否掌握了该效果的操作步骤。女孩儿跳舞部分处理完成后的轨道如图 4-151 所示,可以看出与男孩儿跳舞的轨道如出一辙,所以此处不再赘述。

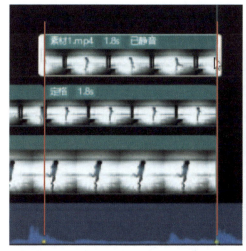

图 4-149

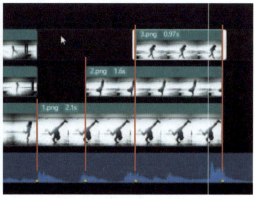

图 4-150

图 4-151

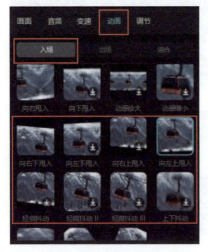

图 4-152

Step 06：为了不让每一个视频片段出现时过于单调，可以为其添加动画。在该案例中，笔者为其添加的多为"入场动画"分类下的"轻微抖动"或者甩入类特效。因为此类特效的爆发力比较强，与背景音乐中的"枪声"节拍点相匹配，如图 4-152 所示。

按照上述方法，依次为每一个视频片段都添加特效后，完成该效果的制作。

4.15 案例实战1：利用贴纸打造精彩视频

该案例效果的制作方法较为简单，同时包括添加背景音乐、贴纸和特效等操作，非常适合初学者学习。

4.15.1 添加背景音乐并添加节拍点

视频的内容是根据歌词的变化而变化的，所以先要添加背景音乐，具体操作步骤如下。

Step 01：导入一张图片素材后，依次点击界面下方的"音频""音乐"选项，

第4章 熟悉操作，让后期剪辑又快又好

并搜索"星球坠落"，点击"使用"，如图4-153所示。

Step 02：对背景音乐进行试听，确定需要使用的部分，将不需要的部分进行分割并删除。然后选中音频轨道，点击界面下方的"踩点"选项，在每句歌词的第一个字出现时手动添加节拍点，如图4-154所示。该节拍点即为后续添加贴纸和特效时，确定其出现时间点的依据。

Step 03：选中图片素材轨道，按住右侧白框向右拖动，使其时长略长于音频轨道的时长，如图4-155所示。这样处理是为了保证视频播放到最后不会出现黑屏的情况。

图 4-153

图 4-154

图 4-155

> **提示**：在手动添加节拍点时，如果有个别添加得不准确，可以将时间轴移动到该节拍点处。此时节拍点会变大，并且原本"+添加点"选项会自动变为"-删除点"，点击该选项即可删除该节拍点并重新添加，如图4-156所示。

图 4-156

4.15.2 添加与歌词相匹配的贴纸

为了实现歌词中唱到什么景物,就在画面中出现什么景物的贴纸的效果,需要找到相应的贴纸,并且使其出现与结束的时间点与已经添加好的节拍点同步,然后添加动画进行润色,具体操作步骤如下。

Step 01:点击界面下方的"比例"选项,调整为"9:16"。然后点击"背景"选项,设置"画布模糊"效果,如图4-157所示。

Step 02:点击界面下方的"贴纸"选项,根据歌词"摘下星星给你",搜索"星星"贴纸,选择红框内的星星贴纸(也可根据个人喜好进行添加),如图4-158所示。

Step 03:调整星星贴纸的大小和位置,并选中星星贴纸轨道,将其开头与视频轨道开头对齐;将其结尾与第1个节拍点对齐,如图4-159所示。

图4-157　　　　　　图4-158　　　　　　图4-159

Step 04:选中"星星"贴纸轨道,点击界面下方的"动画"选项。在"入场动画"中,为其选择"轻微放大";在"出场动画"中,为其选择"向下滑动";然后适当增加入场动画和出场动画的时间,使贴纸在大部分时候都是动态的,如图4-160所示。

第4章 熟悉操作，让后期剪辑又快又好

Step 05：根据下一句歌词"摘下月亮给你"添加"月亮"贴纸。选择 图标分类下红框内的"月亮"贴纸（也可根据个人喜好进行添加），并调节其大小和位置，如图4-161所示。

Step 06：选中"月亮"贴纸轨道，使其紧挨"星星"贴纸轨道，并将轨道结尾与第2个节拍点对齐，如图4-162所示。

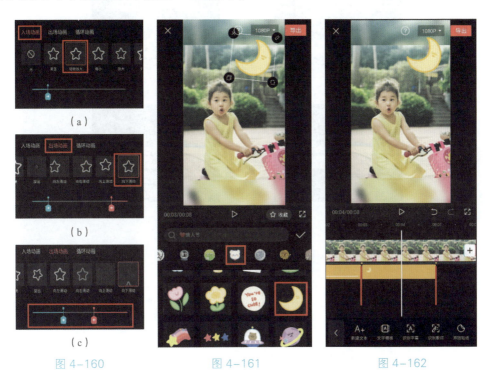

图4-160　　　　　图4-161　　　　　图4-162

Step 07：选中"月亮"贴纸轨道，点击界面下方的"动画"选项，将"入场动画"设置为"向左滑动"，其余设置与星星贴纸的相同，如图4-163所示。

Step 08：按照添加"星星"贴纸与"月亮"贴纸相同的方法，继续添加"太阳"贴纸，并确定其在贴纸轨道中所处的位置。由于操作方法与"星星"贴纸和"月亮"贴纸的操作方法几乎完全相同，所以此处不再赘述。添加"太阳"贴纸之后的界面如图4-164所示。

图4-163

Step 09：歌词最后一句话是"你想要我都给你"，将之前的"星星"贴纸、"月亮"贴纸和"太阳"贴纸各复制一份，以三

91

条轨道并列的方式，与最后一句歌词的节拍点对齐，并分别为其添加入场动画，确定贴纸位置和大小，如图4-165所示。

图4-164

图4-165

4.15.3 根据画面风格添加合适的特效

为了让画面中的"星星""月亮""太阳"更突出，选择合适的特效进行润色，具体操作步骤如下。

Step 01：点击界面下方的"特效"选项，继续点击"新增特效"选项，添加"Bling"分类下的"撒星星"，如图4-166所示。随后将该特效轨道的开头与视频轨道开头对齐，轨道结尾与第1个节拍点对齐，从而突出画面中的"星星"。

Step 02：点击"新增特效"选项，添加"Bling"分类下的"细闪"，如图4-167所示。添加该特效以突出"月亮"的白色光芒，将该特效轨道开头与"撒星星"特效轨道结尾相连，轨道结尾与第2个节拍点对齐。

Step 03：点击"新增特效"选项，添加"光影"分类下的"彩虹光晕"，如图4-168所示，该特效可表现灿烂的阳光。将该特效轨道开头与"细闪"特效轨道结尾相连，轨道结尾与第3个节拍点对齐。

Step 04：点击"新增特效"选项，添加"爱心"分类下的"怦然心动"，如图4-169所示。将该特效轨道开头与上一个特效轨道结尾相连，轨道结尾与视频轨道结尾对齐。

第4章 熟悉操作，让后期剪辑又快又好

图 4-166　　　　图 4-167　　　　图 4-168　　　　图 4-169

Step 05：由于画面的内容是根据歌词进行设计的，所以笔者在这里还为其添加了动态歌词。字体选择"玩童体"（见图 4-170），"入场动画"设置为"收拢"，动画时长条拉到最右侧（见图 4-171），文本轨道的位置与对应歌词出现的节点一致即可（见图 4-172）。

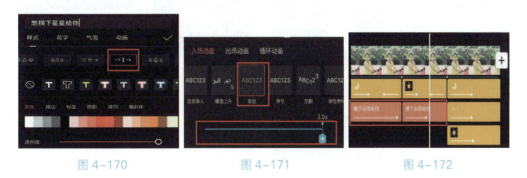

图 4-170　　　　　　　图 4-171　　　　　　　图 4-172

4.16　案例实战2：制作动态朋友圈九宫格效果

朋友圈中展示的图片都是静态的，而在该案例中，却可以做出动态的朋友圈九宫格效果。其基本思路是，先利用图片制作一段视频，然后将该视频与九宫格素材进行合成。制作该效果主要运用剪映的"特效""画中画""混合模式""蒙版"等功能。

93

4.16.1 准备九宫格素材

先准备好制作该效果需要的朋友圈九宫格素材，具体操作步骤如下。

Step 01：打开微信朋友圈，点击图 4-173 红框内的封面区域，然后选择"更换相册封面"。

Step 02：点击"从手机相册选择"，从中选择一张纯黑的图片，如图 4-174 所示。纯黑图片可以通过将手机镜头贴住某个黑色景物，如黑色鼠标垫、键盘等，然后降低曝光补偿拍摄后得到。

Step 03：发布一条朋友圈，图片选择 9 张纯黑的照片，文案写一些与接下来要制作的动态画面相关的内容即可。虽然这条朋友圈在发完之后可以立即删除，但如果介意朋友们看到 9 张纯黑的照片，可以设置"谁可以看"，如图 4-175 所示。

Step 04：进入朋友圈界面，将刚刚自己发布的朋友圈进行截屏，如图 4-176 所示，截屏后可以将该朋友圈删除。

图 4-173　　　　图 4-174　　　　图 4-175　　　　图 4-176

> **提示**：在拍摄纯黑的照片时，不一定非要拍黑色的景物。其实只要是不透光的物品，将其紧紧贴在手机镜头上，并降低曝光补偿，都能拍出纯黑的照片。另外，截屏时尽量不要截到其他人发的朋友圈，画面中只包括自己的封面、头像和刚发的 9 张纯黑照片。

4.16.2 利用特效制作视频

进入剪映,将准备在朋友圈中展示的静态图片制作为视频,具体操作步骤如下。

Step 01:将图片素材导入剪映,点击界面下方的"比例"选项,并调整为"1∶1",然后放大图片至铺满整个预览区,如图 4-177 所示。

Step 02:将图片素材轨道适当拉长一些,然后在中间的任意一个位置进行"分割",如图 4-178 所示。此步的目的是将一段图片素材轨道变为两段图片素材轨道,从而可以分别对这两段图片素材轨道进行后期处理,实现不同的效果。

Step 03:点击界面下方的"特效"选项,选择"基础"分类下的"模糊"特效,如图 4-179 所示。

图 4-177

图 4-178

图 4-179

Step 04:调整第 1 段图片素材的时长至 3s 左右,并将"模糊"特效轨道的首尾与第 1 段图片素材轨道的首尾对齐,如图 4-180 所示。

Step 05:点击界面下方的"贴纸"选项,添加 图标分类下的加载样式的贴纸,如图 4-181 所示。

Step 06:将贴纸轨道的首尾与第 1 段图片素材轨道的首尾对齐,从而营造出视频"加载画面"的既视感,如图 4-182 所示。

图 4-180

图 4-181

图 4-182

Step 07：点击界面下方的"特效"选项，分别添加"动感"分类下的"水波纹"特效和"氛围"分类下的"金粉撒落"特效，如图 4-183、图 4-184 所示。

Step 08：两条特效轨道均覆盖第 2 段图片素材轨道，覆盖范围如图 4-185 所示。

图 4-183

图 4-185

图 4-184

Step 09：依次点击界面下方的"音频""音乐"选项，添加"轻快"分类下的《Good Day》，如图 4-186 所示。

Step 10：选中音频轨道，点击界面下方的"踩点"选项，手动添加画面转换时刻的节拍点，如图 4-187 所示。

Step 11：选中第 1 段图片素材轨道，将其结尾与节拍点对齐，再相应地将覆盖第 1 段图片素材轨道的贴纸和特效轨道对齐节拍点，如图 4-188 所示。然后将音频轨道结尾与第 2 段图片素材轨道结尾对齐，并导出形成视频。

第4章　熟悉操作，让后期剪辑又快又好

图 4-186

图 4-187

图 4-188

4.16.3　将视频与九宫格素材合成

准备好视频和九宫格素材之后，将其合成，就能够制作出动态朋友圈九宫格的效果了，具体操作步骤如下。

Step 01：将之前准备好的九宫格素材导入剪映，如图 4-189 所示。

Step 02：依次点击界面下方的"画中画""新增画中画"选项，将刚做好的视频导入剪映，如图 4-190 所示。

Step 03：选中"画中画"轨道的视频，调整其位置和大小，使其刚好覆盖九宫格区域，如图 4-191 所示。

Step 04：点击界面下方的"混合模式"选项，选择"滤色"选项，此时九宫格既视感就实现了，如图 4-192 所示。

Step 05：再导入一张图片，将其作为朋友圈的封面，如图 4-193 所示。

Step 06：选中该图片，调整其大小和位置，使其刚好覆盖上方的黑色区域，如图 4-194 所示。

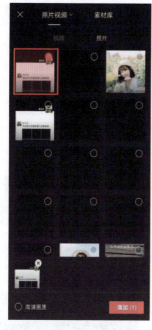

图 4-189

图 4-190

图 4-191

图 4-192

图 4-193

图 4-194

第4章　熟悉操作，让后期剪辑又快又好

Step 07：依旧是点击界面下方的"混合模式"选项，并选择"滤色"选项，使头像显示出来，如图4-195所示。

Step 08：但此时会发现头像的显示并不正常，所以需要通过"蒙版"让头像不被上方图层影响。点击界面下方的"蒙版"选项，选择"矩形"选项，并点击界面左下角的"反转"。然后调整蒙版的位置和大小，使其刚好框住头像，如图4-196所示。

Step 09：将九宫格素材轨道和作为朋友圈封面的图片轨道拉长至与视频轨道的结尾对齐，如图4-197所示。

图4-195

图4-196

图4-197

提示：在调节"蒙版"位置，使其正好将头像框住时，通过蒙版左上角的◎图标，即可形成圆角。

4.17　案例实战3：3D运镜玩法

3D运镜玩法可以让一系列静态照片"动起来"，呈现出只有用动态视频素材才能做出的效果。该效果通过剪映内的功能就可以实现，而且制作步骤相对简单，同时效果又比较出众，非常适合新手学习。

4.17.1 为静态照片添加"3D运镜"效果

先为静态照片添加"3D运镜"效果,从而让静态照片"动起来",具体操作步骤如下。

Step 01:选中需要进行编辑的照片,点击界面右下角的"添加"选项,如图4-198所示。

Step 02:在不选中任何素材的情况下,点击"比例"选项,并设置为"9∶16",如图4-199所示。

Step 03:点击界面下方的"背景"选项,如图4-200所示。

> **提示**:选中素材与不选中素材时,界面下方的工具是不同的。但像这种细节可能不会在每个案例实战中都提示各位注意。所以,当找不到所述功能时,尝试选中素材或者不选中素材后再寻找一下。

图 4-198　　　　　图 4-199　　　　　图 4-200

Step 04:选择"背景模糊"选项,并设置为喜欢的模糊程度,此处笔者选择的是从右数第2种,然后点击"应用到全部",如图4-201所示。

Step 05：为了让视频效果有一定反差，可以不为第1段素材添加"3D运镜"效果。选中第2段素材，点击界面下方的"抖音玩法"选项，如图4-202所示。

Step 06：选择"3D运镜"效果，即可让静态照片"动起来"，如图4-203所示。接下来，依次为之后的所有静态照片均添加该效果。

图 4-201　　　　　　　图 4-202　　　　　　　图 4-203

4.17.2　添加背景音乐并制作卡点效果

接下来为视频添加背景音乐，并让每一张静态照片的更替与音乐节拍同步，具体操作步骤如下。

Step 01：依次点击界面下方的"音频""音乐"选项，如图4-204所示。

Step 02：选择"卡点"分类下的《Don't sleep》作为背景音乐，如图4-205所示。

Step 03：选中音频轨道，点击界面下方的"踩点"选项，如图4-206所示。

Step 04：由于该音乐的"自动踩点"不准确，所以进行手动踩点。跟随音乐点击"+添加点"，如图4-207所示。

需要注意的是,当《Don't sleep》歌词刚出现时,要添加一个节拍点,并且是该段音乐的第1个节拍点。

图 4-204

图 4-205

图 4-206

Step 05:将第1段图片轨道的结尾与上文所述的《Don't sleep》歌词刚出现时的节拍点对齐,并将时间轴移动到该节拍点处,点击右侧的➕图标,如图4-208所示。

Step 06:点击界面上方的"素材库"选项,添加"黑场"素材,如图4-209所示。

Step 07:将该"黑场"素材轨道的开头与第1个节拍点对齐,结尾与《Don't sleep》歌词唱完后的那个节拍点对齐,如图4-210所示,点击界面下方的"文字"选项。

Step 08:点击"新建文本"选项,输入"DON'T SLEEP"后,点击界面下方的"样式"选项,如图4-211所示。

Step 09:设置字体为"方糖体"后,将文本轨道与"黑场"素材轨道首尾对齐,如图4-212所示。

Step 10:选中文本轨道,点击界面下方的"动画"选项,为其添加"入场动画"分类下的"逐字显影"效果,并将时长设置为"1.1s",从而让文字与唱出的歌词同步出现,让视频内容更丰富,如图4-213所示。

Step 11:让之后的每一段图片素材都覆盖3个节拍点,并选中音频轨道,拖动

第4章 熟悉操作，让后期剪辑又快又好

右侧白框，将其轨道结尾与整个视频轨道结尾对齐，如图 4-214 所示。

图 4-207

图 4-208

图 4-209

图 4-210

图 4-211

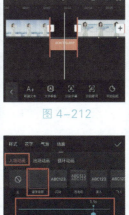

图 4-212

图 4-213

图 4-214

4.17.3 添加动画与特效润色视频

为视频添加动画与特效，让画面更具美感，具体操作步骤如下。

Step 01：选中第 1 段图片轨道，点击界面下方的"动画"选项，如图 4-215 所示。

Step 02：为其添加"组合动画"分类下的"滑入波动"效果，并将动画时长条拉到最右侧，如图 4-216 所示。

Step 03：选中界面下方的"特效"选项，如图 4-217 所示。

图 4-215　　　　　　图 4-216　　　　　　图 4-217

Step 04：添加"氛围"分类下的"星河特效"，并使其覆盖第 1 段图片轨道，如图 4-218 所示，然后点击界面下方的"画面特效"选项，继续添加特效。

Step 05：添加"氛围"分类下的"蝴蝶"特效，并覆盖文本轨道。选中该特效轨道后，点击界面下方的"作用对象"，如图 4-219 所示。

Step 06：将"作用对象"设置为"全局"，如图 4-220 所示。

Step 07：继续为视频添加"氛围"分类下的"星光"特效，并使其覆盖文本轨道之后的所有图片轨道，如图 4-221、图 4-222 所示。

至此，该案例包含的所有效果就制作完成了。

第4章 熟悉操作，让后期剪辑又快又好

图 4-218

图 4-219

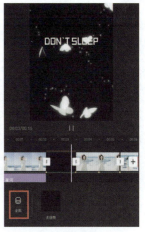

图 4-220

图 4-221

图 4-222

第5章

用好音乐与音效，上热门你也可以

扫码学习案例实操视频

5.1 为什么音乐对于短视频非常重要

如果没有音乐，只有动态的画面，视频就会给人一种"干巴巴"的感觉。所以，为视频添加背景音乐是很多视频剪辑的必要操作。

5.1.1 音乐对视频的"情绪"有何影响

有的视频画面很平静、淡然，有的视频画面很紧张、刺激。音乐能够让视频的"情绪"更强烈，让观众更容易被感染。

剪映中有多种不同分类的音乐，如"伤感""悬疑""浪漫""清新"等（见图5-1），就是根据"情绪"进行分类的，从而让读者可以根据视频的"情绪"，快速找到合适的背景音乐。

图 5-1

5.1.2 剪辑节奏与音乐节奏有何关系

剪辑的一个重要作用就是控制不同画面出现的节奏，而音乐同样有节奏。当每一个画面转换的时刻点均为音乐的节拍点，并且转换频率较快时，就是所谓的"音乐卡点"视频。

这里需要强调的是，即便不是为了特意制作"音乐卡点"效果，如果画面转换可以与音乐的节拍点相匹配，也会让视频的节奏感更好。

5.2 如何为视频添加音乐

5.2.1 如何导入剪映"音乐库"中的音乐

使用剪映为视频添加音乐的方法非常简单，只需以下三步即可。

Step 01：在不选中任何轨道的情况下，点击界面下方的"音频"选项，如图5-2所示。

Step 02：点击界面下方的"音乐"选项，如图5-3所示。

Step 03：在界面上方，从各个分类中选择希望使用的音乐，或者在搜索栏中输入某音乐的名称，也可以在界面下方，从"推荐音乐""我的收藏"中选择。点击音乐右侧的"使用"即可将其添加至音频轨道，点击☆图标，即可将其添加到"我的收藏"，如图5-4所示。

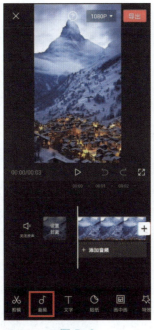
图 5-2

图 5-3

图 5-4

提示：在添加背景音乐时，也可以点击视频轨道下方的"+添加音频"选项，与点击"音频"选项的作用是相同的，如图 5-5 所示。

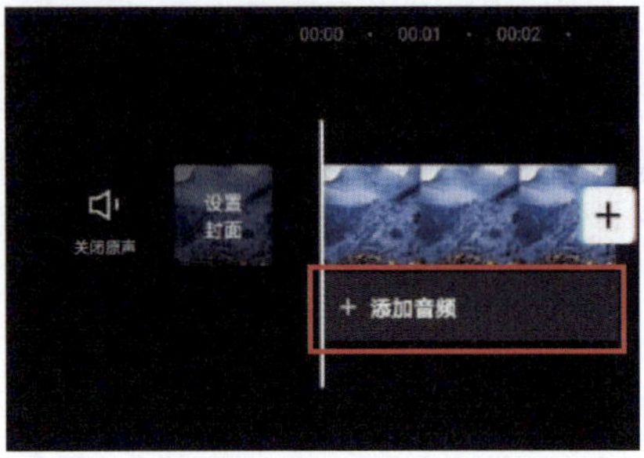

图 5-5

5.2.2 如何提取其他视频中的音乐

如果在一些视频中听到了自己喜欢的背景音乐，但又不知道音乐的名字，就可以通过"提取音乐"功能将其添加到自己的视频中，具体操作步骤如下。

Step 01：准备好具有该背景音乐的视频，然后依次点击界面下方的"音频""提取音乐"选项，如图 5-6 所示。

Step 02：选中已经准备好的视频，并点击"仅导入视频的声音"，如图 5-7 所示。

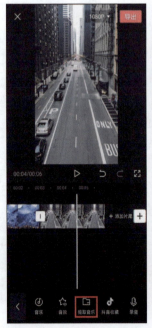

图 5-6

图 5-7

第5章 用好音乐与音效，上热门你也可以

Step 03：提取出的音乐即会在时间线区域的音频轨道上出现，如图5-8所示。

5.2.3 如何导入抖音中收藏的音乐

当使用同一账号登录抖音和剪映时，在抖音中收藏的音乐可以同步到剪映，而且可以很快捷地添加到视频中。因此，在平常刷抖音时，不妨多收藏几首音乐，丰富视频后期素材，具体操作步骤如下。

Step 01：打开抖音，点击界面右上角的 🔍 图标，如图5-9所示。

Step 02：点击"音乐榜"选项，并点击其中任意一首音乐，如图5-10所示。

Step 03：选择喜欢的音乐，点击右侧的 ☆ 图标即可收藏，如图5-11所示。

图 5-8

图 5-9

图 5-11

图 5-10

Step 04：打开剪映，按照上文"如何导入剪映'音乐库'中的音乐"的方法，进入音乐选择界面，点击"抖音收藏"选项，便可看到在抖音收藏的音乐。选择该音乐，并点击"使用"，便可将其添加至视频，如图 5-12 所示。

5.3 遇到问题该如何处理

5.3.1 视频开头没声音怎么办

图 5-12

图 5-13

长按音频轨道并向左拖动，将音频轨道开头与视频轨道开头对齐即可，如图 5-13 所示。

另外，一些音频在开头一两秒本来就没有声音，将没有声音的部分分割并删除即可。

5.3.2 视频后半段黑屏是怎么回事

视频后半段黑屏是因为其他轨道比视频轨道长。将时间轴移动到视频轨道结尾，并依次检查音频轨道、文本轨道、特效轨道、贴纸轨道等，如果发现比视频轨道长的部分，点击界面下方的"分割"选项，然后选中后半部分，删除即可，如图 5-14 所示。

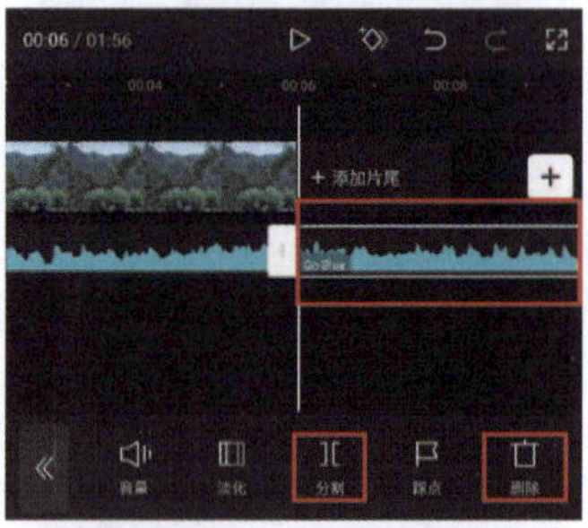

图 5-14

5.3.3 视频出现噪音怎么办

由于很多创作者没有专业的录音设备，所以自己录制的音频往往会有噪音，这时就需要进行降噪处理，具体操作步骤如下。

Step 01：选中需要降噪的音频，点击界面下方的"降噪"选项，如图 5-15 所示。

Step 02：打开"降噪开关"，待剪映完成降噪后，点击右下角的"√"即可，如图 5-16 所示。

需要强调的是，降噪完成后，务必试听一下，如果出现"吞音"的情况，则需要关闭降噪，然后使用麦克风，并为其加装海绵套，重新录制噪音更小的音频。

5.4 可以对音乐进行哪些个性化编辑

5.4.1 如何单独调节每个音频的音量

为一段视频添加了背景音乐、音效或配音后，时间线区域中就会出现多条音频轨道。为了让整体的声音更有层次感，就需要单独调节每个音频的音量，具体操作步骤如下。

图 5-15

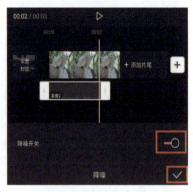

图 5-16

Step 01：选中需要调节音量大小的音频轨道，此处选择的是背景音乐的音频轨道，并点击界面下方的"音量"选项，如图 5-17 所示。

Step 02：滑动音量条，即可设置所选音频的音量。默认音量为"100"，此处适当降低背景音乐的音量，将其调整为"51"，如图 5-18 所示。

Step 03：选择音效轨道，并点击界面下方的"音量"选项，如图 5-19 所示。

图 5-17

图 5-18

Step 04：适当提高音效的音量，此处将其调节为"128"，如图 5-20 所示。

通过此种方法，即可实现单独调节每个音频的音量，让整体的声音具有明显层次。

Step 05：如果视频本身就有声音，那么在选中视频轨道后，同样可以点击界面下方的"音量"选项，调节声音大小，如图 5-21 所示。

图 5-19

图 5-20

图 5-21

5.4.2 如何设置"淡入"和"淡出"效果

通过调节音量，只能整体提高、降低音频声音的大小，无法形成由弱到强或者由强到弱的变化。如果想实现音量的渐变，可以为其设置"淡入"和"淡出"效果。

Step 01：选中一段音频轨道，点击界面下方的"淡化"选项，如图 5-22 所示。

Step 02：通过"淡入时长"和"淡出时长"滑动条，即可分别调节音量渐变的持续时间，如图 5-23 所示。

绝大多数情况下要为背景音乐添加"淡入"与"淡出"效果，从而让音乐的开始与结束均有一个自然的过渡。

> 提示：除通过"淡入"与"淡出"营造音量渐变效果外，读者也可以通过为音频轨道添加关键帧的方式，来灵活地设置音量渐变效果。

5.4.3 如何实现音频变速

音频变速主要在需要调节视频中人声说话速度时使用，通过加快说话速度或者减慢说话速度来让人声与画面内容相匹配，具体操作步骤如下。

图 5-22

图 5-23

Step 01：选中音频轨道，点击界面下方的"变速"选项，如图 5-24 所示。

Step 02：拖动界面下方滑动条，即可加快或减慢语音速度。在该示例中，当将语音速度提高到"2x"时，可以让音频刚好在画面由蓝绿色调转向紫红色调时结束，如图 5-25 所示。

图 5-24

图 5-25

> 提示：加快语音倍速有可能让人声失真，所以务必在加速后进行试听。如果出现失真情况，则应降低语音加速幅度，并适当调节画面速度来与之匹配。

5.5 如何进行"录音"并"变声"

5.5.1 手机版剪映"录音"和"变声"功能的使用方法

在视频中除可以添加音乐外,有时也需要加入一些语音来辅助表达。剪映不但具有"录音"功能,还可以对语音进行变声,从而制作出更有趣的视频,具体操作步骤如下。

Step 01:如果在前期录制视频时录下了一些杂音,那么在录音之前,需要先将原视频声音关闭,否则会影响录音效果。选中视频轨道后,点击界面下方的"音量"选项,将其调整为0,如图5-26所示。

Step 02:点击界面下方的"音频"选项,并选择"录音"功能,如图5-27所示。

Step 03:按住界面下方的"按住录音"按钮,即可开始录音,如图5-28所示。

图 5-26　　　　　　　图 5-27　　　　　　　图 5-28

Step 04:松开按钮,即完成录音,其音频轨道如图5-29所示。

第5章 用好音乐与音效，上热门你也可以

Step 05：选中录制的音频轨道，点击界面下方的"变声"选项，如图 5-30 所示。

Step 06：选择喜欢的变声效果即可完成"变声"，如图 5-31 所示。

图 5-29

图 5-30

图 5-31

5.5.2 "录音"和"变声"功能在专业版剪映中的位置

选中一段有声音的视频轨道，即可在细节调整区的"音频"选项下，找到"变声"功能，如图 5-32 所示。

单击时间线区域左上方的 图标，如图 5-33 所示，即可开启录音界面，如图 5-34 所示。

5.5.3 如何让剪映"读"出文字

想必各位在刷抖音时一定总能听到一个熟悉的女声，这个声音在很多教学类、搞笑类、介绍类短视频中很常见。有些人以为是录音后再做变声处理，其实没有那么麻烦，只需要利用"朗读文本"功能就可以轻松实现，具体操作步骤如下。

Step 01：选中已经添加好的文本轨道，点击界面下方的"文本朗读"选项，如图 5-35 所示。

Step 02：在弹出的选项中，即可选择喜欢的音色。

图 5-32

图 5-33

图 5-34

读者在抖音中经常听到的正是"小姐姐"音色，如图 5-36 所示。简单两步，视频就会自动出现所选文本的语音轨道。

Step 03：利用同样的方法，即可让其他文本轨道也自动生成语音。但这时会出现一个问题，相互重叠的文本轨道导出的语音也会相互重叠。此时不要调节文本轨道，而是要点击界面下方的"音频"选项，从而看到已经导出的各条语音轨道，如图 5-37 所示。

图 5-35

图 5-36

图 5-37

图 5-38

Step 04：只需要让语音轨道彼此错开，就可以解决语音相互重叠的问题，如图 5-38 所示。

Step 05：如果希望视频中没有文字，但依然有"小姐姐"音色的语音，可以通过以下两种方法实现。

方法一：在生成语音后，将相应的文本轨道删除。

方法二：在生成语音后，选中文本轨道，点击"样式"选项，并将"透明度"设置为 0，如图 5-39 所示。

5.5.4 如何实现更丰富的"变声"效果

无论是个人录音,还是让剪映"读"出文字,均可以对其进行变声。如果对剪映中自带的"变声"效果都不满意,则可以尝试以下两款第三方软件。

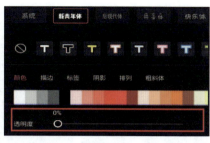

图 5-39

1. AI 配音专家

这款软件支持 Windows 和 Mac 双系统,目前包含 40 多种变声效果,如图 5-40 所示,同时还内置了数十款背景音,可以让我们更好地进行后期制作。大家可前往"脚本之家"网站,搜索"AI 配音专家"进行下载。

图 5-40

2. 智能识别软件

该款软件仅支持 Windows 系统,无须安装,解压后即可使用。其中,有小部分语音是免费的,其余则需付费使用。该软件包含 100 多位发音人,如图 5-41 所示。

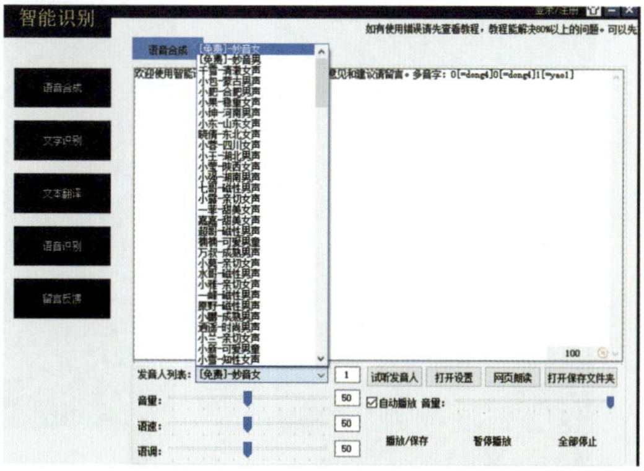

5.6 如何为视频添加音效

图 5-41

当出现与画面内容相符的音效时,会大大增强视频的带入感,让观众更有沉浸感。剪映中自带的音效也非常丰富,下面具体介绍音效的添加方法。

图 5-42

图 5-43

Step 01：依次点击界面下方的"音频""音效"选项，如图 5-42 所示。

Step 02：点击界面中的不同音效分类，如"综艺""笑声""机械"等，即可选择该分类下的音效。点击音效右侧的"使用"，即可将其添加至音频轨道，如图 5-43 所示。或者直接搜索希望使用的音效，如"电流"，与其相关的音效就都会显示在画面下方，从中找到合适的音效，点击右侧的"使用"，如图 5-44 所示。

Step 03：该画面中只需要短暂的电流声来模拟老式胶片电影中的杂音，所以选中音效后，拖动轨道白框将其缩短，如图 5-45 所示。

Step 04：由于老式胶片电影中的杂音是无规律、偶尔出现的，所以需要选中音效，并点击界面下方的"复制"选项，在视频的其他位置也添加些该音效，如图 5-46 所示。

图 5-44

图 5-45

图 5-46

5.7 案例实战1：抠像回忆快闪效果

该案例效果重在表现"怀念过往"的情绪，所以音乐的选择至关重要。另外，通过滤镜对画面色彩进行调整及添加"快闪"效果，也会让视频的"情绪"更突出。该案例还会用到"画中画""特效""变速"等功能。

5.7.1 营造快闪效果

通过导入多个素材，并缩短其时长，来营造多个画面快速闪过的效果，简称"快闪"效果，具体操作步骤如下。

Step 01：导入多个素材，最好都有人物，这样有利于表现"情绪"，如图5-47所示。

Step 02：依次选中素材，缩短其时长至0.2s或0.3s左右，如图5-48所示。

Step 03：为了让"快闪"效果有细微的节奏变化，不要让所有片段的时长都一样。将大部分片段控制在0.3s左右，然后中间穿插上0.8s左右的片段，制作完成后如图5-49所示。

图 5-47

图 5-48

图 5-49

Step 04：由于快闪效果需要在短时间内闪现出大量画面，所以对素材数量的要求往往较高。当我们没有那么多素材时，就可以将之前用过的素材，导入到剪映，调整下画面大小，再用一次，如图5-50所示。

Step 05：将重复使用的素材进行分割，并删除已经出现过的画面，如图5-51所示。而且如果该素材在之前展现的时间比较长，那么在重复使用时就短一些。

由于快闪效果中的每个画面都是一闪而过的，所以即便有些素材多次利用，依然不会让观众感觉到画面雷同，从而巧妙地解决素材数量不够的问题。在该案例中，快闪效果持续6s左右即可，如图5-52所示。

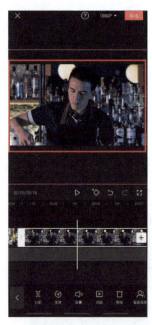  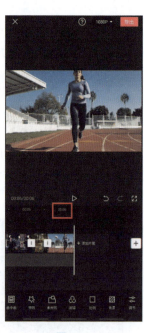

图 5-50　　　　　　　　图 5-51　　　　　　　　图 5-52

5.7.2　选择音乐并与视频素材相匹配

为了让"回忆"的氛围更突出，需要合适的音乐进行烘托，并且要让音乐与视频素材相匹配，具体操作步骤如下。

Step 01：该案例选择《哪里都是你 剪辑版》作为背景音乐。因为该歌曲本身就与回忆有关，同时也是一首抒情类的歌曲，与该视频的内容高度统一。进入音乐选择界面后，搜索该音乐并使用即可，如图5-53所示。

Step 02：将该音乐开头没有声音的部分删除。移动时间轴至开始有声音的时间点，点击"分割"选项，选中前半段音频轨道，再点击"删除"选项，如图5-54所示。

Step 03：通过试听，确定音乐结束的时间点。大概在9s左右，刚好有一句歌词唱完，将时间轴移动至该位置，点击"分割"选项，选中后半段音频轨道，再点击"删除"选项，如图5-55所示。

图 5-53

图 5-54

图 5-55

Step 04：选中音频轨道，点击界面下方的"踩点"选项，如图5-56所示。

Step 05：在刚要唱第2句歌词时，添加节拍点，如图5-57所示。该节拍点就是开始进入回忆快闪效果的时间点。

Step 06：点击界面下方的"画中画"选项，添加"一个人行走"的视频素材，将前半段有走出画面的片段删掉，如图5-58所示。

Step 07：将剪辑好的"画中画"素材轨道拖动到最左侧。将时间轴移动到节拍点，点击"分割"选项，选中前半段视频，点击"变速"选项，如图5-59所示。

Step 08：点击"线性变速"选项，并设置为"1.2x"，从而让进入回忆的画面速度快一些，如图5-60所示。

Step 09：选中刚刚分割出的后半段"画中画"素材轨道，按照相同的操作，将速度设置为"0.5x"，让进入回忆的片段慢一些，从而烘托情绪，营造反差，如图5-61所示。

Step 10：由于在进入回忆之前显示的是"画中画"轨道中的素材，所以主视频轨道的快闪素材在回忆之前是没有用的，故点击右侧的 图标，添加"黑场"素材，并将其轨道首尾与第1段"画中画"素材轨道首尾对齐，如图5-62所示。

Step 11：将主视频轨道压缩至8s左右，然后将时间轴移动至其结尾，选中"画中画"素材轨道，点击"分割"选项，如图5-63所示。

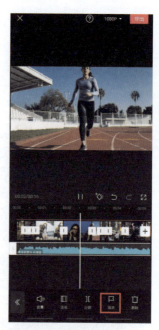

图5-56　　　　　　图5-57

图5-58　　　　图5-59　　　　图5-60

第5章　用好音乐与音效，上热门你也可以

图 5-61

图 5-62

图 5-63

图 5-64

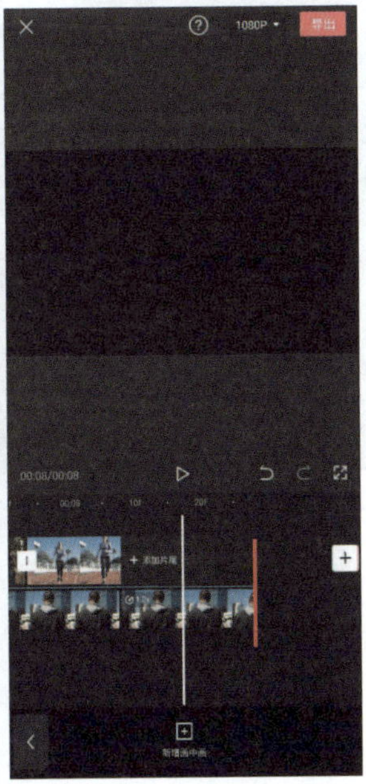

图 5-65

Step 12：选中分割的后半段"画中画"素材轨道，依次点击"变速""线性变速"选项，将其设置为"1.2x"，从而营造从回忆中走出来的效果，如图 5-64 所示。

Step 13：将"画中画"素材轨道与音频轨道结尾对齐，如图 5-65 所示。

至此，选择音乐，并让视频素材与音乐相匹配的工作就完成了。而这也是该案例的核心。

5.7.3 让视频更有回忆感

通过为视频润色,并添加特效,来让视频更有回忆感,具体操作步骤如下。

Step 01:选中回忆部分的"画中画"素材轨道,点击界面下方的"不透明度"选项,将其设置为"70",如图5-66所示。

Step 02:选择主视频轨道上的任一片段,点击"滤镜"选项,选择"黑白"分类下的"默片"效果,然后点击"应用到全部",如图5-67所示。

Step 03:依次选中所有"画中画"素材轨道,选择"滤镜"选项,点击⊗图标,取消滤镜效果,从而营造出回忆与当下的反差,如图5-68所示。

图5-66　　　　　　　　图5-67　　　　　　　　图5-68

Step 04:依次点击界面下方的"特效""画面特效"选项,添加"光影"分类下的"车窗影"特效,并将其覆盖整个回忆片段,如图5-69所示。

Step 05:选中该特效轨道,点击界面下方的"作用对象"选项,如图5-70所示。

Step 06:将其设置为"全局",如图5-71所示。

至此,该案例的效果就全部制作完成了。

5.8 案例实战2：时间静止效果

该案例将制作通过超能力控制时间的效果。具体来说，就是一个人可以随时让时间停止或者开始流动。为了让这种超能力显得更真实，声音在其中起到了至关重要的作用。该案例将使用"定格""画中画""智能抠像""音效"等功能进行后期制作。

5.8.1 准备视频素材

图 5-69

图 5-70　　　　图 5-71

该案例需要根据预期效果录制素材，具体操作步骤如下。

Step 01：先录制一段人物抬起手做"暂停"动作，然后左右摆头做出在寻找什么样子的视频。录制时务必选择较为简洁的背景，以便获得较好的抠图效果，如图5-72所示。

图 5-72

Step 02：采用"主观"视角，录制一段人物挥手的视频，即从人眼的角度录制，画面中只出现手，不要出现人物，如图5-73所示。

Step 03：接下来可以在网络上搜索无版权的人流延时摄影视频，也可以自己拍摄。目前，很多手机都有延时功能，如图5-74所示。可以将手机放在三脚架上，在人流比较多的街边进行拍摄。

图 5-73

图 5-74

5.8.2 制作时间静止效果

准备好视频素材后,导入剪映,开始创作时间静止效果,具体操作步骤如下。

Step 01:选中准备好的人流延时摄影视频素材,点击"添加",将其导入剪映,如图5-75所示。

Step 02:在不选中任何轨道的情况下,点击"画中画"选项,如图5-76所示。将有人物出镜的、自己录制的视频素材导入剪映。

Step 03:选中"画中画"素材轨道,点击界面下方的"智能抠像"选项,如图5-77所示,从而使人物与人流延时摄影视频素材的场景相融合。

Step 04:将人物缩小一点,放在画面中央偏下的位置,并确保人物做"暂停"动作的手完整出现在画面中,如图5-78所示。

图 5-75

图 5-76

图 5-77

图 5-78

Step 05:自己录制的视频素材的开头与结尾一般有需要删除的部分。将时间轴移动至开头多余的部分,选中"画中画"素材轨道,点击界面下方的"分割"选项,选中前半段并删除，如图 5-79 所示。删除后记得将"画中画"素材轨道移动至轨道最左侧。

Step 06：移动时间轴至人物完整做出"暂停"动作的时间点，选中"画中画"素材轨道后，点击"分割"选项，选中后半段视频素材轨道，点击"删除"选项，如图 5-80 所示。

Step 07：保持时间轴不动，选中主视频轨道，点击界面下方的"定格"选项，如图 5-81 所示。

图 5-79

图 5-80

图 5-81

Step 08：点击界面下方的"新增画中画"选项，将只有手的视频素材导入至剪映，如图 5-82 所示。

Step 09：选中刚刚导入的"画中画"素材轨道，点击界面下方的"色度抠图"选项，并将"取色器"移动至手以外的区域，如图 5-83 所示。

Step 10：点击"强度"选项，将其数值设置为"1"，如图 5-84 所示。

Step 11：继续选择"阴影"选项，将其数值设置为"20"，如图 5-85 所示。

Step 12：选中只有手的视频素材轨道，移动时间轴至手刚要开始挥动的时间点，点击"分割"选项，选中前半段视频素材轨道，点击"删除"选项，如图 5-86 所示。

Step 13：移动时间轴至手马上挥出画面的时间点，点击"分割"选项，选中后半段视频素材轨道，再点击"删除"选项，如图 5-87 所示。

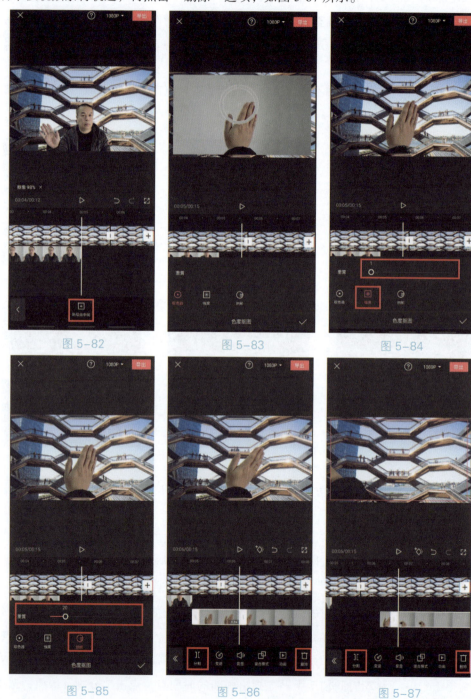

图 5-82　　　　　图 5-83　　　　　图 5-84

图 5-85　　　　　图 5-86　　　　　图 5-87

第5章 用好音乐与音效，上热门你也可以

图 5-88

图 5-89

Step 14：由于手在移动过程中的抠图效果不是很好，故再次使用"色度抠图"功能，并精确调整"取色器"的位置，减少手部边缘多余的部分，然后点击"强度"选项，将其数值设置为"9"，如图 5-88 所示。

Step 15：移动只有手的视频素材轨道，使其开头与上一段"画中画"素材轨道的结尾衔接，如图 5-89 所示。

Step 16：调整只有手的视频素材的大小和位置，使画面更自然，如图 5-90 所示。

Step 17：将时间轴移动至画面中的手挥到一半的位置，然后选中定格画面轨道，将其结尾与时间轴对齐，如图 5-91 所示。

Step 18：在时间轴 9s 左右的位置，选中主视频轨道，点击界面下方的"分割"选项，选中后半段视频素材轨道，点击"删除"选项，如图 5-92 所示，以确定整个视频的时长。

至此，时间静止的效果就做好了。

图 5-90

图 5-91

129

5.8.3 添加音乐与音效，让效果更逼真

虽然做出了时间静止的效果，但是在缺少音乐与音效的情况下，并不能让观众感受到控制时间的超能力有多么神奇。所以，接下来将对视频的声音进行处理，具体操作步骤如下。

Step 01：选中"画中画"素材轨道，点击界面下方的"音量"选项，并将其设置为"0"，如图 5-93 所示。两段"画中画"素材轨道均要进行此操作，从而去除录制时的声音。

Step 02：点击界面下方的"音效"选项，如图 5-94 所示。

Step 03：搜索"熙攘人群"，选择"闹市熙熙攘攘的人群声"，如图 5-95 所示。

Step 04：将该音效轨道拖动至最左侧，然后移动时间轴至定格画面开始的位置，选中音效轨道，点击"分割"选项，如图 5-96 所示。

图 5-92

图 5-93

图 5-94

图 5-95

第5章 用好音乐与音效，上热门你也可以

Step 05：长按后半段音效轨道，将其开头与定格画面的结束位置对齐，其结尾与整个视频轨道的结尾对齐，如图5-97所示，从而营造出"时间静止"后，声音消失，而"时间流动"后，声音继续响起的效果。

Step 06：依次点击界面下方的"音频""音乐"选项，添加"悬疑"分类下的《Kyoto Flow》作为背景音乐，如图5-98所示。

Step 07：选中背景音乐的音频轨道，点击界面下方的"音量"选项，将其降低为"35"，从而防止其盖过音效的声音，如图5-99所示。

图 5-96　　　　　　图 5-97

Step 08：选中背景音乐的音频轨道，重复Step 04、Step 05的操作，同样是为了让声音也跟着时间"静止"，处理完成后的音频轨道如图5-100所示。至此，整个案例的效果就制作完成了。

图 5-98　　　　　图 5-99　　　　　图 5-100

131

第6章

玩转音乐卡点，提高视频完播率

扫码学习案例实操视频

6.1 为什么音乐卡点视频的完播率比较高

不知道大家有没有发现，抖音上很多高流量的视频往往是音乐卡点类的，无论是多节拍持续卡点，还是单节拍卡点。而高流量视频的共同特点之一，就是完播率都很高。人们在看一些卡点类视频时，总是不自觉地就看到了最后。

这是因为连贯的、有节奏的音乐往往会让观众进入到一种惯性中，而不愿意打破惯性是每个人下意识的一种做法。所以，一旦进入到有节奏的音乐中，人们就有可能顺着这个节奏看完了整个视频。

也正因为这一点，哪怕是一些节奏感不强的视频，在剪辑时也可以尽量让转场发生在音乐的节拍点处，从而让视频的节奏与音乐的节奏相匹配，让观众不愿意跳出视频。

6.2 如何为音乐添加节拍点

制作卡点视频的必要操作之一，就是要将音乐的节拍点添加在音频轨道上。这样才能在后期剪辑时，更方便地将转场位置与节拍点相匹配，进而营造卡点效果。

第6章　玩转音乐卡点，提高视频完播率

6.2.1 如何让剪映自动踩点

Step 01：选中音频轨道，点击界面下方的"踩点"选项，如图 6-1 所示。

Step 02：开启"自动踩点"功能，选择"踩节拍Ⅰ"或者"踩节拍Ⅱ"，此时在音频上则会出现黄色节拍点，如图 6-2 所示。

其中，"踩节拍Ⅰ"的节拍点密度要小于"踩节拍Ⅱ"，故可以根据卡点视频的节奏来选择，如图 6-3 所示。

图 6-1

图 6-2

图 6-3

6.2.2 如何手动踩点

Step 01：选中音频轨道，点击"踩点"选项，如图 6-4 所示。

Step 02：在音乐播放过程中，点击界面下方的"+添加点"，即可添加节拍点，如图 6-5 所示。

Step 03：如果有节拍点添加有误，移动时间轴到该节拍点处，点击界面下方的"-

删除点",将该点取消,如图 6-6 所示。

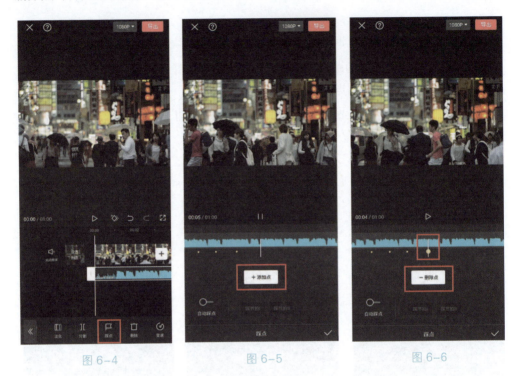

图 6-4　　　　　　　　图 6-5　　　　　　　　图 6-6

6.3　如何制作音乐卡点视频

制作音乐卡点视频其实并不难,无非是让视频画面按照音乐节奏进行变化,使用剪映中的模板,甚至可以"一键"制作音乐卡点视频。

6.3.1　如何设置视频自动卡点

Step 01:打开剪映,点击界面下方的"剪同款"选项,然后选择"卡点"选项,从中挑选自己喜欢的音乐卡点效果,如图 6-7 所示。

Step 02:点击界面右下角的"剪同款",如图 6-8 所示。

Step 03:按模板要求,选择数量足够的素材,然后点击"下一步",即可让素材自动卡点,并生成音乐卡点视频,如图 6-9 所示。

第6章 玩转音乐卡点，提高视频完播率

图 6-7

图 6-8

图 6-9

6.3.2 如何更换模板音乐

通过模板生成的音乐卡点视频在正常情况下是无法更换背景音乐的。如需更改，则需要付费购买该模板，具体操作步骤如下。

Step 01：在通过模板生成音乐卡点视频后，即进入如图 6-10 所示界面，点击"编辑模板草稿"选项。

Step 02：购买模板，如图 6-11 所示。由于该账号是首次购买，所以此次可免费获

图 6-10

图 6-11

得该模板草稿的编辑权限。

Step 03：选中音频轨道，点击界面下方的"删除"选项，然后可为其添加新的背景音乐，如图6-12所示。除此之外，由于已经购买了模板，所以任何后期操作均可在该草稿中进行，以制作出符合自身需求的视频。

6.3.3 如何选择适合做卡点视频的音乐

各位可以通过以下两种方法选择适合做卡点视频的音乐。

1. 在"卡点"分类下选择音乐

Step 01：打开剪映，进入音乐选择界面，找到"卡点"分类，如图6-13所示。

Step 02：点击该分类，在其中选择自己喜欢的音乐，并点击右侧的"使用"，如图6-14所示。

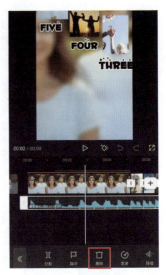

图 6-12

图 6-13

图 6-14

2. 使用别人视频中的音乐

Step 01：在抖音刷到喜欢的音乐卡点视频，点击界面下方的 ➡ 图标，如图6-15

第6章 玩转音乐卡点，提高视频完播率

所示，然后点击"保存本地"选项，将其下载到手机中，如图6-16所示。

Step 02：打开剪映，进入音乐选择界面，点击"导入音乐"选项，再选择"提取音乐"，并点击"去提取视频中的音乐"，如图6-17所示。

Step 03：选择刚下载的视频，点击界面下方的"仅导入视频的声音"，如图6-18所示。

Step 04：待导出音乐后，点击界面下方的"使用"选项，将其添加至正在处理的视频中，如图6-19所示。

图6-15

图6-16

图6-17

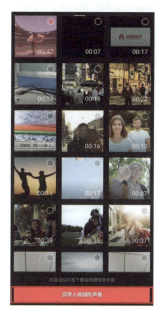

图6-18

图6-19

6.3.4 如何让素材随节拍点更替

制作一个音乐卡点视频，无论特效怎么变、形式怎么变，本质都是让素材随节拍点变化，具体操作步骤如下。

Step 01：为音频添加节拍点，具体操作步骤请见上文"如何为音乐添加节拍点"，得到如图 6-20 所示的画面。

Step 02：选中第 1 段视频轨道，拖动白框，将其首尾分别与两个节拍点对齐，如图 6-21 所示。

Step 03：重复上一步操作，将所有视频轨道均与节拍点对齐。一些需要显示时间较长的视频，中间可以多跨过几个节拍点，如图 6-22 所示。

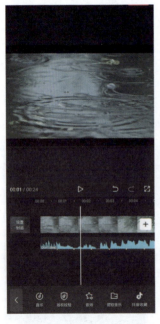

图 6-20

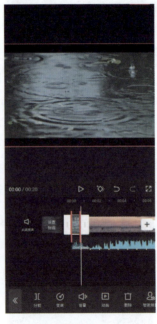

图 6-21

图 6-22

至此，就实现了素材随节拍点变化的效果，即完成了一个最基本的音乐卡点视频。所有的音乐卡点视频都是以此为基础，添加各种特效、贴纸、蒙版、文字等实现的。

6.4 案例实战1：模拟镜头晃动音乐卡点效果

音乐卡点效果往往可以营造出强烈的节奏感，让视频具有一定的感染力。在该案例中，除教会各位如何实现音乐卡点以外，还将演示如何利用静态图片模拟前期拍摄时的镜头晃动效果。

6.4.1 让视频画面根据音乐节奏变化

所谓"音乐卡点"，其实就是让画面与画面的衔接点正好是音乐的节拍点，从而实现画面根据音乐节拍点而变化的效果，具体操作步骤如下。

Step 01：由于音乐卡点视频的节奏往往比较快，那么为了保证其具有一定时长，往往需要数量较多的素材。此处选择15张图片制作音乐卡点视频，如图6-23所示。

Step 02：依次点击界面下方的"音频""音乐"选项，搜索"Tokyo Drift"，选择《Tokyo Drif（抖音完整版）》作为背景音乐，如图6-24所示。

Step 03：选中背景音乐，点击界面下方的"踩点"选项，如图6-25所示。

图 6-23

图 6-24

图 6-25

Step 04：开启界面左下角的"自动踩点"功能，选择"踩节拍Ⅱ"，此时在音频轨道下方会自动生成黄色节拍点，如图 6-26 所示。之所以不选择"踩节拍Ⅰ"，是因为其节拍点过于稀疏。而节拍点稀疏会导致画面的变化频率低，从而让观众感觉乏味。

Step 05：选中音频轨道，将时间轴移动到 2s 左右，点击界面下方的"分割"选项，将音乐开头节拍相对较弱的部分删除，如图 6-27 所示。

Step 06：选中第 1 张图片的轨道，拖动白框，使其结尾与节拍点对齐，并保证该图片轨道的开头与结尾基本位于两个节拍点之间，如图 6-28 所示。

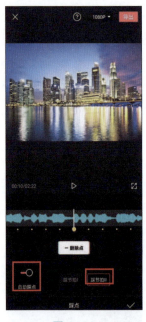

图 6-26

图 6-27

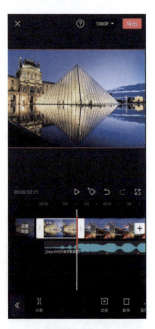

图 6-28

Step 07：依次将每一张图片的轨道的结尾都与下一个节拍点对齐，实现每两个节拍点间有一张图片的效果，如图 6-29 所示。

Step 08：为了既让视频的节奏产生变化，又不影响卡点效果和快节奏带来的动感，对于个别有些许节奏变化的部分，可以适当延长图片的播放时间，如图 6-30 所示的位置，笔者就让该图片轨道跨过了一个节拍点。

Step 09：按照该思路即可将全部 15 个图片轨道与节拍点一一对应。处理完成后，视频的时长也就确定了，缩短音频轨道至视频轨道的结尾，或者比视频轨道稍微短一点，从而避免在结尾处出现黑屏，如图 6-31 所示。

第6章 玩转音乐卡点，提高视频完播率

图 6-29

图 6-30

图 6-31

6.4.2 模拟镜头晃动效果

在实现音乐卡点后，视频的效果其实并不好，所以需要通过进一步处理来让其更有看点。接下来，将通过剪映模拟前期拍摄时的镜头晃动效果，从而令画面更具动感，具体操作步骤如下。

Step 01：将没有铺满整个预览区的素材放大至铺满整个预览区，使该视频比例统一，如图 6-32 所示。

Step 02：将时间轴移动至第 2 张图片的轨道处，然后选中该图片轨道，点击界面下方的"动画"选项，如图 6-33 所示。

Step 03：选择"组合动画"中的"荡秋千"效果，并将动画时长条拉到最右侧，如图 6-34 所示。之所以选择该动画，是因为其可以实现类似前期拍摄时的镜头晃动效果。而没有为第 1 张图片的轨道增加动画，是因为在一个明显的节拍点之后（第 1 个节拍点几乎与视频开头重合，所以很容易被忽略）开始镜头晃动能够让画面的开场显得更自然。

图 6-32

图 6-33

图 6-34

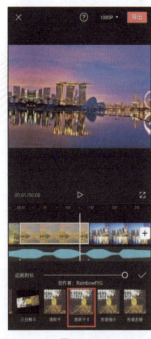

图 6-35

Step 04： 设置完成后，移动时间轴至下一张图片的轨道处，则可以直接进行动画设置，无须重复点击"动画""组合动画"选项。在接下来的一个片段中，选择同为"荡秋千"系列的"荡秋千Ⅱ"，如图 6-35 所示。

Step 05： 接下来为重复操作，即依次移动时间轴到各个图片的轨道处，然后为其添加可以实现"镜头晃动"效果的动画，并将动画时长条拉到最右侧。笔者这里建议各位在添加动画时，如果有同系列的多个动画效果，则可以让两个该系列的动画连接在一起，从而使视频显得更连贯。

由于每个片段选择哪个动画并没有强制性的要求，但不同的动画可能有的效果好一些，有的效果差一些，笔者在下方向各位展示接下来 12 个片段所添加的动画效果，图 6-36（a）为动画"小火车"，图 6-36（b）为动画"小火车Ⅱ"，图 6-36（c）为动画"晃动旋出"，图 6-36（d）为动画"旋入晃动"，图 6-36（e）为动画"左拉镜"，

第6章 玩转音乐卡点，提高视频完播率

图6-36（f）为动画"右拉镜"，图6-36（g）为动画"缩放"，图6-36（h）为动画"形变左缩"，图6-36（i）为动画"形变右缩"，图6-36（j）为动画"荡秋千"，图6-36（k）为动画"滑滑梯"，图6-36（l）为动画"荡秋千Ⅱ"。

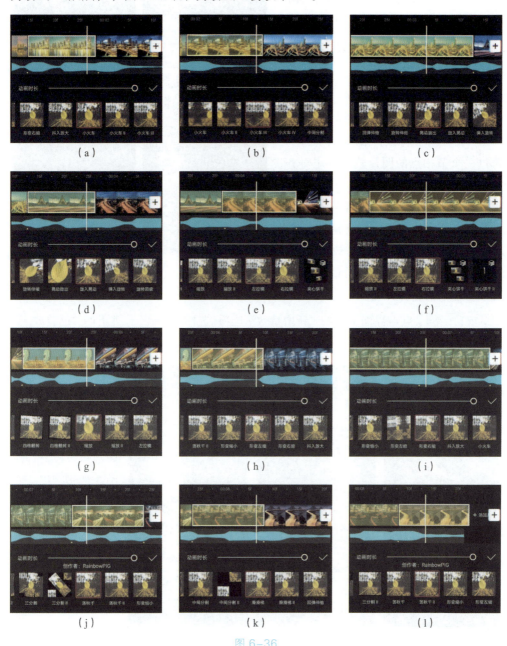

图 6-36

6.4.3 添加特效润色画面

为视频添加些酷炫的特效,让画面更有看点,具体操作步骤如下。

Step 01:点击界面下方的"特效"选项,如图6-37所示。

Step 02:添加"动感"分类下的"RGB描边"效果,如图6-38所示。

Step 03:将该特效轨道的首尾与跨过一个节拍点的图片轨道首尾对齐,如图6-39所示。之所以为跨过一个节拍点的画面添加特效,是因为该片段本身就具有节奏的变化,而且展现时间比其他片段更长,所以添加特效后,不会影响节奏感,也不会因为画面太乱而让视频看起来很"臃肿"。

图6-37　　　　图6-38

Step 04:点击界面下方的"新增特效"选项,选择"动感"分类下的"色差放大"效果,如图6-40所示。

Step 05:同样,将该特效轨道的首尾也与对应的跨过一个节拍点的图片轨道对齐,如图6-41所示。

至此,模拟镜头晃动音乐卡点效果就制作完成了。

图6-39　　　图6-40　　　图6-41

6.5 案例实战2：抽帧卡点效果

该案例效果分为两部分，前半部分是抽帧卡点效果，后半部分是普通卡点效果。抽帧卡点效果是音乐卡点视频的一种表现形式，下面将通过该效果的实操案例，向各位介绍制作步骤。

相比普通音乐卡点，抽帧卡点的难度会大一些，操作会复杂一些，所以掌握了该效果的制作方法之后，再去制作普通音乐卡点视频自然不在话下。

6.5.1 提取所需音乐并添加节拍点

音乐卡点视频最重要的就是确定合适的背景音乐，并为其添加节拍点，具体操作步骤如下。

Step 01：打开剪映，导入准备好的视频素材，如图6-42所示。如果想实现效果出众的抽帧卡点效果，建议选择采用推镜或者拉镜进行拍摄的视频素材。

Step 02：该案例中的背景音乐并不是直接从剪映的"音乐库"中选择的，而是使用了其他视频中的音乐。因此，需要将其他视频中的音乐提取出来，进而可以单独对音频轨道进行编辑。依次点击界面下方的"音频""提取音乐"选项，如图6-43所示。

图 6-42

图 6-43

Step 03：选择需要被提取音乐的视频，并点击界面下方的"仅导入视频的声音"，如图6-44所示。

Step 04：选中音频轨道后，点击界面下方的"踩点"选项，如图6-45所示。

Step 05：提取的音乐是无法使用"自动踩点"功能的，因此只能通过试听，并在每一个节拍点处点击界面下方的"+添加点",如图 6-46 所示。

图 6-44

图 6-45

图 6-46

图 6-47

Step 06:如果在错误的位置添加了节拍点,可以将时间轴移动到该节拍点处。此时原本是"+添加点"就变为"-删除点",点击即可将节拍点删除,如图 6-47 所示。

> **提示**:添加节拍点时也可以根据音频轨道来判断哪里是节拍点。如果在轨道中突然有一个凸起,那么该处往往就是节拍点的位置。像该案例中的音乐,其凸起就非常明显,如图 6-48 所示,所以用该方法可以更快地完成节拍点的添加工作。但某些音频轨道没有明显的起伏,该方法就不太好用。

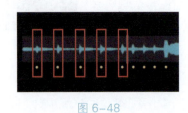

图 6-48

6.5.2 制作抽帧卡点效果

有了节拍点，就可以根据节拍点制作抽帧卡点效果了。所谓抽帧，其实就是将视频中的一部分画面删除。而当删除掉推镜或者拉镜视频中的一部分画面时，就会形成景物突然放大或缩小的效果，当这种效果随着音乐的节拍点出现时，就是抽帧卡点效果了，具体操作方法如下。

Step 01：确定背景音乐的前半部分，即要制作抽帧卡点效果的部分，节拍点的数量。该案例为 8 个节拍点，时长在 4s 左右，如图 6-49 所示。

Step 02：将时间轴移动到视频轨道结尾，确定其总时长。该案例时长为 67s 左右，如图 6-50 所示。

Step 03：在进行抽帧，即删除部分视频片段的过程中，删除的越多，抽帧效果就越明显。所以，需要计算，67s 时长的视频，在抽帧 8 次后（因为有 8 个节拍点），每次删除多长时间的片段，

图 6-49　　　　　　图 6-50

既能满足 4s 时长的要求，又能尽可能多地删除片段。

需要简单口算一下，如果每个节拍点删除 8s 的片段，就需要删除 8s×8=64s，只剩 67s-64s=3s，显然不满足需要 4s 时长的要求。

所以最终确定为每个节拍点删除 7s，这样需要删除 7s×8=56s，剩余 67s-56s=11s，显然满足 4s 时长的要求。

Step 04：接下来进行抽帧操作。选中视频轨道，将时间轴移动至第 1 个节拍点，点击界面下方的"分割"选项，如图 6-51 所示。

Step 05：从图 6-51 中可以看到时间刻度为 0.5s 左右，需要删除 7s 的视频片段，所以将时间轴移动到 7.5s 附近，并点击界面下方的"分割"选项，如图 6-52 所示。具体时间轴的位置不用太准确，大概即可。

Step 06：选中分割下来的时长 7s 左右的视频片段轨道，点击界面下方的"删除"选项，如图 6-53 所示。至此，第 1 个节拍点的抽帧操作就做完了。

图 6-51

图 6-52

图 6-53

Step 07：将之后的 7 个节拍点均按上述方法进行处理，就形成了每到一个节拍点，画面就突然放大一点的效果。视频轨道的结尾与第 9 个节拍点对齐即可，如图 6-54 所示。

6.5.3 制作后半段音乐卡点效果

前半段的抽帧卡点效果制作完成后，接下来制作后半段相对常规的音乐卡点效果，具体操作步骤如下。

Step 01：将后半段的视频素材导入剪映，并在下一个节拍点处分割视频，将后半段删除，如图 6-55 所示。

Step 02：选中剩下的视频片段轨道，将时间轴移动到其结尾，点击界面下方的"定格"选项，如图 6-56 所示。

Step 03：选中定格的静态画面轨道，将其结尾对齐下一个节拍点，如图 6-57 所示。

图 6-54

第6章 玩转音乐卡点，提高视频完播率

图 6-55

图 6-56

图 6-57

图 6-58

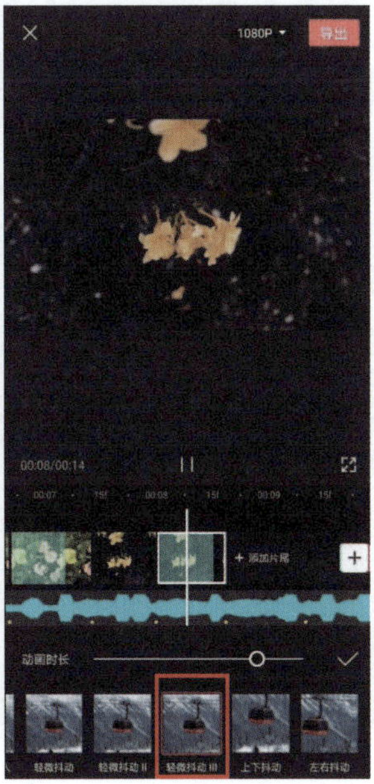

Step 04：随后点击界面下方的"滤镜"选项，添加"精选"分类下的"1980"效果，如图 6-58 所示。

Step 05：至此，就形成了抽帧卡点效果后，伴随着音乐节拍，出现新的画面，并且在节拍点处定格后，色彩不同的画面。接下来将添加的 5 个视频片段，均按上述方法进行处理。

为了让画面更具动感，为定格画面添加动画时，建议选择比较短暂、有爆发力的动画效果，如"入场动画"分类下的"轻微抖动Ⅲ"，如图 6-59 所示。

图 6-59

149

6.6 案例实战3：花卉拍照音乐卡点视频

一些持续时间较短、比较有爆发力的特效，配合音乐节拍，可以使视频的节奏感更强。本案例就可以利用特效来强化卡点效果。

6.6.1 添加图片素材并调整画面比例

将图片素材添加至剪映，并设置画面比例为"9∶16"，适合用户竖屏观看，具体操作步骤如下。

Step 01：选择准备好的图片素材，点击界面右下角的"添加"，如图6-60所示。

Step 02：点击界面下方的"比例"选项，如图6-61所示，并设置为"9∶16"。

Step 03：依次点击界面下方的"背景""画布模糊"选项，并选择一种模糊样式，如图6-62所示。此步可以让画面中的黑色区域消失，起到美化画面的目的。

图 6-60

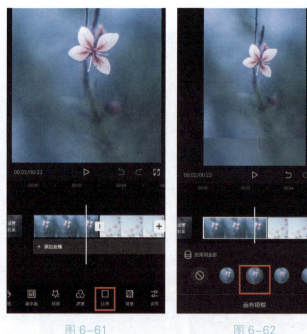

图 6-61

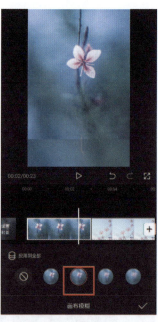

图 6-62

6.6.2 实现音乐卡点效果

Step 01： 点击界面下方的"音乐"选项，添加具有一定节奏感的背景音乐，如图 6-63 所示。该案例中添加的背景音乐是"清新"分类下的《夏野与暗恋》。

Step 02： 选中音频轨道后，点击界面下方的"踩点"选项，如图 6-64 所示。

Step 03： 开启"自动踩点"功能，选择"踩节拍Ⅰ"或"踩节拍Ⅱ"，如图 6-65 所示。其中，"踩节拍Ⅰ"的节拍点密度较小，适合节奏稍缓的卡点视频；"踩节拍Ⅱ"的节拍点密度较大，适合快节奏卡点视频。针对该案例的预期效果，此处选择"踩节拍Ⅰ"。

图 6-63

图 6-64

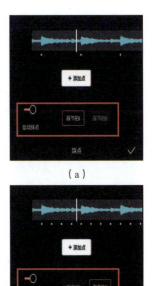

图 6-65

Step 04： 从第 1 张图片开始，选中其轨道后，拖动右侧白框靠近第 1 个节拍点，靠近时会有吸附效果，从而准确地将轨道结尾与节拍点对齐，如图 6-66 所示。

Step 05： 第 2 张图片轨道的开头会自动紧接第 1 张图片轨道的结尾，所以不需要手动调整其位置，如图 6-67 所示。

Step 06： 接下来只需要将每一张图片轨道的结尾与节拍点对齐，就可实现每两个节拍点之间有一张图片的效果。至此,一个基本的音乐卡点效果就完成了,如图6-68所示。

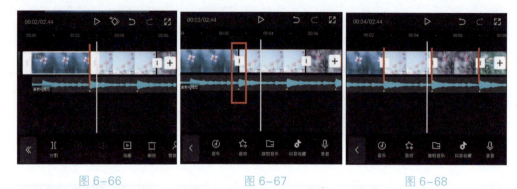

图6-66　　　　　　　图6-67　　　　　　　图6-68

6.6.3　添加音效和特效突出节拍点

如果只是简单实现图片在节拍点处进行转换,视频并没有太多看点。因此,为了让图片在节拍点转换的效果更突出、节奏感更强,需要利用音效和特效进一步处理,具体操作步骤如下。

Step 01:依次点击界面下方的"音频""音效"选项,为视频添加"机械"分类下的"拍照声3",如图6-69所示。

Step 02:仔细调整音效轨道的位置,使其与图片转换的时间点完美契合,即拍照音效一响起,就变换成下一张图片。音效轨道的最终位置如图6-70所示。

Step 03:选中添加后的音效轨道,点击界面下方的"复制"选项,并将其移动到下一个节拍点处,仔细调整位置,如图6-71所示。重复此方法,在每一个节拍点处添加该音效,形成拍照转场效果。

Step 04:点击界面下方的"特效"选项,添加"氛围"分类下的"星火炸开",如图6-72所示。该特效的爆发力比较强,并且有点像闪光灯,与拍照音效相配合,能够让拍照转场效果更逼真,还能营造很强的节奏感,使卡点效果更突出。

Step 05:调整"星火炸开"特效轨道的位置,使其与其中一段图片轨道对齐,如图6-73所示。

Step 06:复制该特效轨道,调整位置,如图6-74所示,并重复该操作,使每一段图片轨道都对应一段"星火炸开"特效。

第6章 玩转音乐卡点，提高视频完播率

图 6-69

图 6-70

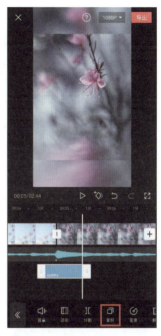

图 6-71

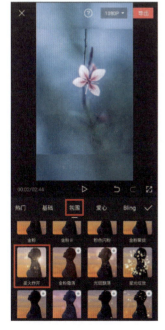

图 6-72

图 6-73

图 6-74

> **提示:** 因为大多数音效的开头都有短暂的没有声音的区域,所以音效轨道开头与节拍点对齐并不能实现音效与图片转换的完美契合,往往需要将音效轨道往节拍点左侧移动一点,这样才能够匹配得更完美。另外,音效轨道也是可以进行分割的,所以可以根据需要,去掉音效中不需要的部分,使音效与画面更匹配。

6.6.4 添加动画和贴纸润色视频

通过为每一段图片轨道设置动画,添加贴纸让视频更具动感,具体操作步骤如下。

Step 01:选中第1段图片轨道,点击界面下方的"动画"选项,为其添加"放大"动画,并将动画时长条拉到最右侧,如图6-75所示。该操作是为了让视频的开头不显得那么生硬,形成一定的过渡。

Step 02:为之后的每一段图片轨道添加能够让节奏更紧凑的动画,如"轻微抖动""轻微抖动Ⅱ"等,并且控制动画时长不要超过0.5s,从而让视频更具动感,如图6-76所示。

Step 03:点击界面下方的"贴纸"选项,搜索"相机"并添加一种相机贴纸,如图6-77所示。点击"文字"选项,输入一段文字丰富画面。该案例中输入的为"定格美好时光",字体为"荔枝体",并选择白色描边样式,如图6-78所示。

图 6-75

图 6-76

图 6-77

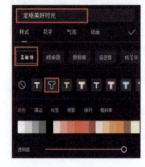

图 6-78

第6章 玩转音乐卡点，提高视频完播率

Step 04：选中文字，点击界面下方的"样式"选项，为文字添加"循环动画"下的"逐字放大"，并调整速度为"2.3s"（文字放大速度感觉适度即可，不用拘泥于该数值），如图 6-79 所示。

Step 05：点击界面下方的"贴纸"选项，继续添加两种贴纸，分别搜索"Yeah"和"Hello"，选择如图 6-80、图 6-81 所示贴纸。

Step 06：贴纸最终位置如图 6-82 所示，并将贴纸轨道和文本轨道与视频轨道对齐，使其始终出现在画面中。

图 6-79

图 6-80

图 6-81

图 6-82

> 提示：由于第 1 张图片的显示时间比较长，所以笔者将其手动分割为两个部分，并且为其添加了音效和特效，从而让视频开头部分也有较快的节奏。而本小节中的第 1 步，其实就是为分割出来的开头片段添加动画效果。考虑到整体后期逻辑的完整性，并没有特意在步骤讲解中进行说明。

6.6.5 对音频轨道进行最后的处理

对音频轨道进行最后的处理，其实就是整个视频后期的收尾工作，具体操作步骤如下。

Step 01：选中音频轨道，拖动其右侧白框，使其与视频轨道的结尾对齐，防止画面黑屏，只有音乐的情况出现，如图6-83所示。

Step 02：点击界面下方的"淡化"选项，设置淡入及淡出时长，让视频开头与结尾具有自然的过渡，如图6-84所示。

6.7 案例实战4：浪漫九宫格

图6-83　　　　　图6-84

该案例主要通过"蒙版"及"画中画"等功能实现一张照片在九宫格中配合音乐节拍依次出现的效果。视频从结构上可以分为三个部分，第一部分是九宫格音乐卡点局部闪现效果，第二部分是照片局部在九宫格中逐渐增加的效果，第三部分则是照片完整出现在九宫格中的效果。

6.7.1 制作九宫格音乐卡点局部闪现效果

Step 01：导入一张比例为1∶1的人物照片，以及一张九宫格素材，并将人物照片安排在九宫格前面，如图6-85所示，然后点击界面下方的"比例"选项，设置比例为"9∶16"。

Step 02：点击界面下方的"画中画"选项，点击"新增画中画"，将人物照片再次导入，并调整其大小，使其刚好覆盖九宫格素材，并且周围还留有九宫格的白边，如图6-86所示。

Step 03：点击界面下方的"蒙版"选项，选择"矩形"蒙版，调节蒙版大小和位置，使画面中刚好出现左上角格子内的画面。蒙版的"圆角"可以通过拉动左上角的 ◎ 图标实现，如图6-87所示。

第6章 玩转音乐卡点，提高视频完播率

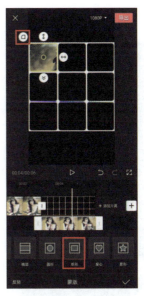

图 6-85　　　　　　图 6-86　　　　　　图 6-87

Step 04：选中刚刚处理好的"画中画"图片轨道，并点击界面下方的"复制"选项，如图 6-88 所示。

Step 05：此时将时间轴移动到复制的"画中画"图片轨道处时，界面中的九宫格消失了。这时选中九宫格素材轨道，拖动其右侧白框，使其覆盖"画中画"轨道，九宫格则会重新出现，如图 6-89 所示。

Step 06：选中复制的"画中画"图片轨道，点击界面下方的"蒙版"选项，将左上角格子的蒙版拖动到其右侧格子中。这样就实现了，左上角格子的画面消失，其右侧格子画面出现的"闪现"效果，如图 6-90 所示。

Step 07：接下来就只需要重复以上操作，复制"画中画"图片轨道、点击"蒙版"、拖动

图 6-88　　　　　　图 6-89

157

蒙版到下一个需要显示画面的格子，直到9个格子都出现过画面为止。该视频中九宫格出现画面的顺序如图6-91所示。

Step 08：闪现效果完成后，点击界面下方的"音频"选项，添加背景音乐，此处选择的音乐是《Gamer》。选中音频轨道，点击界面下方的"踩点"选项，如图6-92、图6-93所示。

Step 09：点击"自动踩点"选项后，音频下方即会出现节拍点。但笔者认为该节拍点并不准确，所以选择手动添加。

Step 10：根据音乐节拍点，将第1张人物照片的轨道的结尾与节拍点对齐，如图6-94所示。

Step 11：根据音乐节拍点，将每一段"画中画"图片轨道与节拍点对齐，从而实现音乐卡点闪现效果，如图6-95所示。

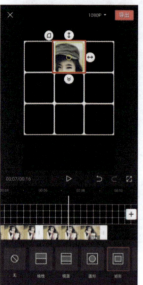

图6-90

图6-91

图6-92

图6-93

图6-94

图6-95

> 提示：在调节蒙版位置，使其单独显示某一格子中的画面时，由于剪映的吸附作用，所以很难做到精确定位。但笔者在反复尝试后发现，如果快速、大幅度移动蒙版位置，并在指定位置突然降速，是有概率精确调节位置的。另外，当前后两段视频片段的画面有较大变化时，为了与音乐匹配得更好，最好在音乐旋律也有较大变化的节拍点进行转场。

6.7.2 制作照片局部在九宫格中逐渐增加的效果

上文制作的闪现效果，其特点是下一个格子的画面出现时，上一个格子的画面就消失了。而接下来要实现的是，上文中最后显示的格子画面不再消失，并且跟随音乐节奏，其他格子的画面依次出现，最终在九宫格中拼成一张完整的照片，具体操作步骤如下。

Step 01：选中已经做好的，最后一段"画中画"图片轨道，点击界面下方的"复制"选项，并将复制后的片段轨道与下一个节拍点对齐，如图 6-96 所示。

Step 02：将刚刚复制得到的片段再复制一次，然后按住该片段轨道，将其拖动到下一视频轨道，并与上一轨道中的片段轨道对齐，如图 6-97 所示。

Step 03：选中第 2 次复制得到的片段轨道，点击界面下方的"蒙版"选项，如图 6-98 所示。

图 6-96

图 6-97

图 6-98

Step 04：将蒙版拖动到右侧的格子，使右侧格子出现画面，并且中间格子的画面依然存在，如图6-99所示。之所以会出现这种效果，是因为之前第1次复制的片段保证了中间格子的画面不会消失，第2次复制的片段在调整蒙版位置后，使另一个格子的画面出现。并且，这两个片段在两层视频轨道上是完全对齐的，所以两个格子的画面就会同时出现。

Step 05：将上面一层"画中画"图片轨道的右侧白框拖动到下一个节拍点处，如图6-100所示。

Step 06：将下面一层轨道的视频片段复制一次，并对齐下一个节拍点，如图6-101所示。

图6-99　　　　　　　　图6-100　　　　　　　　图6-101

Step 07：将复制得到的片段再复制一次，长按移动到下一层视频轨道，并与第1次复制得到的片段轨道对齐，如图6-102所示。

Step 08：点击界面下方的"蒙版"选项，并将其调整到如图6-103所示的位置上。

Step 09：按照相似的方法，继续让第6、第7、第8格子的画面依次出现即可，实现最终如图6-104所示的效果。由于剪映中"画中画"轨道的数量有限制，所以不能使用该方法让所有9个格子的画面都依次出现。

第6章 玩转音乐卡点，提高视频完播率

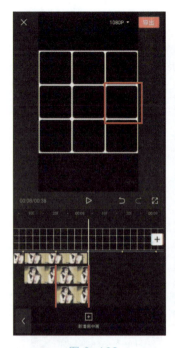
图 6-102

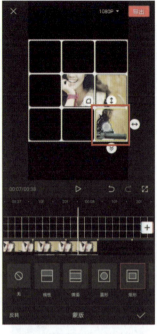
图 6-103

图 6-104

> 提示：如果想实现 9 个格子都依次出现的效果该怎么办？读者可以将已经做好的 6 个格子画面依次出现的视频导出一次，然后再导入剪映，这样就可以继续添加"画中画"轨道，按上文介绍过的方法，让剩余 3 个格子的画面也依次出现在九宫格中。

6.7.3 制作照片完整出现在九宫格中的效果

在下方两排九宫格的画面都显示之后，使照片完整出现在九宫格内，具体操作步骤如下。

Step 01：选中其中一层轨道的视频片段并复制，如图 6-105 所示。

Step 02：选中复制的视频片段轨道，点击界面下方的"蒙版"选项，如图 6-106 所示。

Step 03：放大蒙版的范围，显示整张照片，并使其覆盖九宫格，注意四周要留有九宫格的白框，然后点击界面下方的"混合模式"选项，如图 6-107 所示。

Step 04：将混合模式设置为"滤色"，此时九宫格的格子就显示出来了，如图 6-108 所示。

Step 05:将该视频片段轨道结尾与下一个节拍点对齐,同时将九宫格素材轨道的结尾也与之对齐,如图6-109所示。

Step 06:选中音频轨道,将其结尾与主视频轨道的结尾对齐,如图6-110所示。至此,视频内容就基本制作完成了。

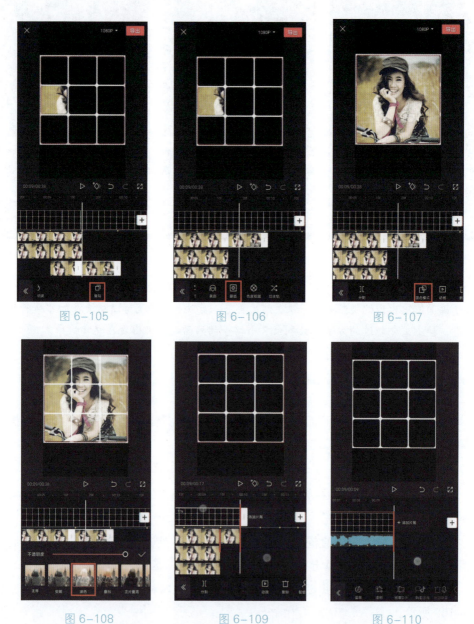

图6-105 图6-106 图6-107

图6-108 图6-109 图6-110

6.7.4 添加转场、动画、特效等润色视频

为视频添加合适的转场、动画、特效，让画面效果更丰富、变化更多样，具体操作步骤如下。

Step 01：为第 1 张人物照片与九宫格素材之间添加"运镜转场"分类下的"向左"效果，如图 6-111 所示。

Step 02：选中第 1 张人物照片的轨道，点击界面下方的"动画"选项，为其添加"入场动画"下的"向右下甩入"，并延长动画时长，如图 6-112 所示。

Step 03：在第 1 张人物照片与九宫格素材转换节点之前的一个节拍点处，添加"热门"分类下的"心跳"特效，如图 6-113 所示，并将特效轨道的首尾均与节拍点对齐。

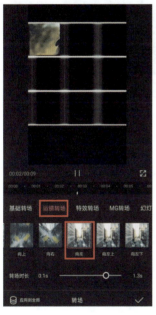
图 6-111

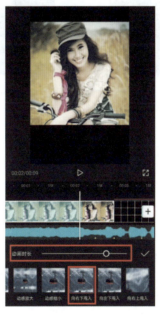
图 6-112

图 6-113

Step 04：当画面出现九宫格后，为其添加"热门"分类下的"少女心事"特效。注意，该特效的"作用对象"要设置为"全局"，如图 6-114 所示。

Step 05：为每一个实现九宫格闪现效果的"画中画"图片轨道中的片段增加一种"入场动画"，并将动画时长条拉到最右侧，如图 6-115 所示。

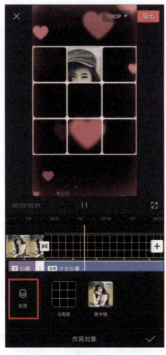

图 6-114

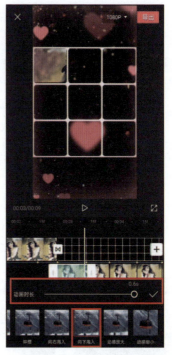

图 6-115

📥 实战拓展

本章免费为读者提供了电子版的案例实战"分屏卡点开场效果""视频轮流播放效果""动态蒙版卡点效果""文字音乐卡点效果"作为知识补充,请扫描本书前言的"读者服务"下的二维码进行下载。

第7章 打造百变文字，让视频"文艺"起来

扫码学习案例实操视频

7.1 如何为视频添加标题

在学习本小节之前，先要弄明白此处讲的标题指什么，不要将视频中的标题与发布视频时填写的标题搞混。

7.1.1 什么是视频的标题

很多人都把如图 7-1 所示的发布抖音时填写的文字当作标题。但事实上，这里填写的更像是发朋友圈时的文字，主要用来表达自己对这个视频的看法，其实并不是标题。

而真正意义上的抖音标题，其实是指封面上的文字。

虽然发布抖音并没有要求必须有标题，但很多创作者为了让观众在第一时间知道这个视频讲的是什么，会在视频开头写一个标题。

同时，将标题样式进行统一后，主页看起来也会更整齐，给观众以更好的第一印象，如图 7-2 所示。

图 7-1

图 7-2

7.1.2 怎样考虑标题的时长

短视频强调的是快节奏，所以在视频开头展示标题的时长最多不能超过 2s。

但事实上，很多创作者只是想让主页中的视频封面上有标题，而在视频中是看不到标题的，从而直入主题，加快节奏。想实现此效果，可以在专业版剪映中上传视频，单击"编辑封面"按钮，如图 7-3 所示，然后选择一张有标题的封面即可。

图 7-3

如果用手机版剪映上传视频，则需要在剪辑时，让开头带有标题的画面持续 5 帧左右，如图 7-4 所示。5 帧足够在主页中显示带标题的画面，但在观看时，因为时间太短，所以就是无标题的效果。

图 7-4

第7章 打造百变文字，让视频"文艺"起来

7.1.3 怎样为视频添加不同风格的标题

Step 01：将视频导入手机剪映后，点击界面下方的"文字"选项，如图 7-5 所示。

Step 02：继续点击界面下方的"新建文本"选项，如图 7-6 所示。

Step 03：输入希望作为标题的文字，如图 7-7 所示。

Step 04：点击"样式"选项，即可更改字体和颜色，如图 7-8 所示。而文字的大小则可以通过"放大"或"缩小"的手势进行调整。

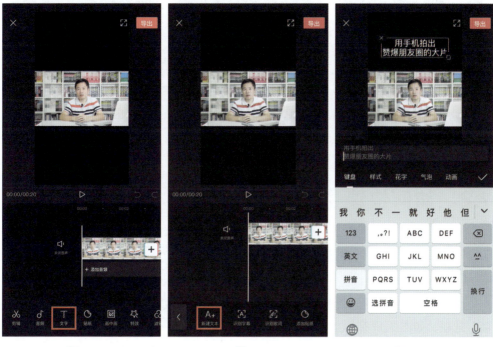

图 7-5　　　　　　　图 7-6　　　　　　　图 7-7

Step 05：为了让标题更突出，当文字的颜色设定为橘黄色后，点击界面下方的"描边"选项，将边缘设为蓝色，从而利用对比色让标题更鲜明，如图 7-9 所示。

Step 06：确定好标题的样式后，还需要通过文本轨道和时间线区域来确定标题显示的时间。在该案例中，希望标题始终出现在视频界面中，所以将文本轨道完全覆盖视频轨道，如图 7-10 所示。

图 7-8　　　　　　　　图 7-9　　　　　　　　图 7-10

7.2　如何快速生成字幕

7.2.1　如何利用声音识别生成字幕

Step 01：将视频导入剪映后，点击界面下方的"文字"选项，并选择"识别字幕"选项，如图 7-11 所示。

Step 02：在点击"开始识别"之前，建议选中"同时清空已有字幕"，防止在修改时出现字幕错乱的问题，如图 7-12 所示。自动生成的字幕会出现在视频下方，如图 7-13 所示。

Step 03：点击字幕并拖动，即可调整位置，如图 7-14 所示。通过"放大"或"缩小"的手势，可调整字幕大小。

值得一提的是，当对其中一段字幕进行修改后，其余字幕将自动进行同步修改（默认设置下），如在调整位置并放大图 7-14 的字幕后，图 7-15 中的字幕位置和大小将同步得到修改。

第7章 打造百变文字，让视频"文艺"起来

　　同样，对字幕的颜色、字体，也可以进行详细调整，如图7-16所示。另外，如果取消勾选图7-16红框内的选项，则可以在不影响其他字幕效果的情况下，单独对一段字幕进行修改。

图7-11

图7-12

图7-13

图7-14

图7-15

图7-16

7.2.2 如何利用"文稿匹配"功能生成字幕

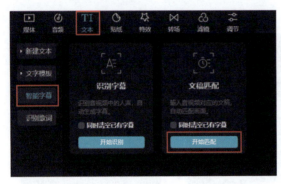

图 7-17

利用"文稿匹配"功能生成字幕，即将文稿导入专业版剪映后，使其自动与视频中的语音匹配，实现字幕效果。由于文字不是剪映通过声音识别的，而是直接通过文稿生成的，所以只要文稿中没有错别字，那么生成的字幕就不会有错别字，更不会有识别错误的情况。目前，该功能只能在专业版剪映中使用，下面介绍使用方法。

Step 01：执行"文本"→"智能字幕"→"开始匹配"命令，如图 7-17 所示。

Step 02：打开"输入文稿"对话框，将文稿复制到剪映中，单击"开始匹配"按钮，如图 7-18 所示。等匹配完成后，字幕即会添加至视频中。

7.3 如何美化字幕

自动生成的字幕在默认情况下非常小，并且字体也不好看，往往需要进行美化。

7.3.1 如何实现字幕气泡效果

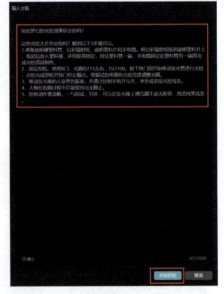

图 7-18

Step 01：选择一段字幕，点击界面下方的"样式"选项，如图 7-19 所示。

Step 02：如果希望为所有字幕都统一添加某种气泡效果，则勾选"字体、样式、花字、气泡、位置应用到识别歌词"选项（本字幕为识别的歌词），然后点击"气泡"选项，如图 7-20 所示。

Step 03：选择合适的气泡效果，点击"√"即可，如图 7-21 所示。

第7章 打造百变文字,让视频"文艺"起来

图 7-19

图 7-20

图 7-21

7.3.2 如何实现花字效果

Step 01：在选中字幕后，同样需要点击图 7-19 中的"样式"选项，然后点击图 7-20 中的"花字"选项。

Step 02：选择合适的花字效果后，点击"√"即可，如图 7-22 所示。

7.3.3 如何为字幕添加背景

Step 01：依旧需要在选中字幕后，点击"样式"选项，如图 7-19 所示。

Step 02：点击界面下方的"背景"选项，选择合适的背景颜色即可。通过颜色下方的"透明度"条，还可以调节背景颜色的深浅，如图 7-23 所示。

图 7-22

171

值得一提的是，与"背景"选项同一排的"描边""排列"等选项，可以让字幕更加个性化。如图7-24所示，即为调整了"排列"选项中的"字间距"所得到的字幕效果。

图7-23

图7-24

7.3.4 字幕过长或过短该如何处理

无论是通过声音识别生成字幕，还是利用"文稿匹配"生成字幕，都可能出现字幕太长或者太短的情况。本小节以专业版剪映为例讲解这一情况的处理方法，手机版剪映按同样方法操作即可。

1. 字幕太长的解决方法

Step 01：根据视频中的语音，将时间轴移动到需要断句的位置，如图7-25所示。

Step 02：点击"分割"选项，就会出现两条相同的字幕，并且这两条字幕的总时长与分割前字幕的时长相同，如图7-26所示。

Step 03：选中前半段字幕，如图7-27所示，将断句位置之后的文字删除，如图7-28所示。

图7-25

第7章 打造百变文字，让视频"文艺"起来

Step 04：选中后半段字幕，如图7-29所示，将断句位置之前的文字删除，如图7-30所示。至此，一条长字幕就被分割成了两条短字幕。

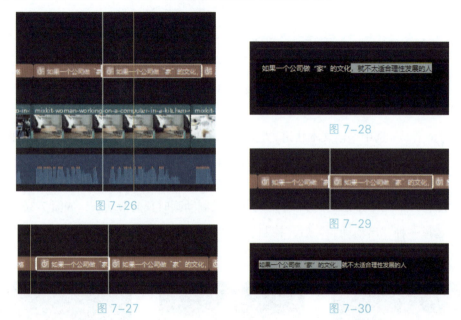

图7-26　图7-28　图7-27　图7-29　　图7-30

2. 字幕太短的解决办法

Step 01：如图7-31所示的字幕中，"3"这个数字是单独的一条字幕，很容易被忽略，而且看起来也会很单薄。选中"3"之后的字幕，并将这段字幕的文字复制，如图7-32所示。

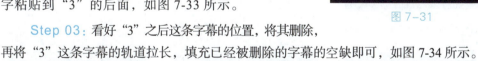

图7-31

Step 02：选中"3"这条字幕，将刚才复制的文字粘贴到"3"的后面，如图7-33所示。

Step 03：看好"3"之后这条字幕的位置，将其删除，再将"3"这条字幕的轨道拉长，填充已经被删除的字幕的空缺即可，如图7-34所示。

（a）　　（a）　　（a）
（b）　　（b）　　（b）
图7-32　　图7-33　　图7-34

7.4 如何让视频中的文字动起来

7.4.1 如何为文字添加动画

如果想让画面中的文字动起来,最常用的方法就是为其添加动画,具体操作步骤如下。

Step 01:选中一段文本轨道,并点击界面下方的"动画"选项,如图7-35所示。

Step 02:在界面下方选择为文字添加"入场动画"、"出场动画"或"循环动画"。"入场动画"往往和"出场动画"一同使用,从而让文字的出现与消失都更自然。选中其中一种"入场动画"后,下方会出现控制动画时长的滑动条,如图7-36所示。

选择一种"出场动画"后,控制动画时长的滑动条会出现红色部分。控制红色线段的长度,即可调节"出场动画"的时长,如图7-37所示。

图 7-35

图 7-36

图 7-37

而"循环动画"往往是当画面中的文字需要长时间停留在画面中,又处于动态效果时才会使用。需要注意的是,"循环动画"不能与"入场动画"和"出场动画"

同时使用。一旦设置了"循环动画",即便之前已经设置了"入场动画"或"出场动画",也会自动将其取消。

同时,在设置了"循环动画"后,界面下方的动画时长滑动条将更改为动画速度滑动条,如图7-38所示。

> 提示:用户应该根据视频的风格、内容来选择合适的动画。例如,当制作"日记本"风格的Vlog时,如果文字标题需要长时间出现在画面中,那么就适合使用循环动画中的"轻微抖动"或者"调皮"效果,从而既避免了画面死板,又不会因为文字动画幅度过大影响视频表达。若选择了与视频内容不相符的动画效果,则很可能让观者的注意力难以集中在视频本身上。

图 7-38

7.4.2 如何制作"打字"效果

很多视频的标题都是通过"打字"效果进行展示的。这种效果是利用文字"入场动画"与音效配合实现的,具体操作方法如下。

Step 01:选择希望制作"打字"效果的文本轨道,并添加"入场动画"分类下的"打字机Ⅰ"效果,如图7-39所示。

Step 02:依次点击界面下方的"音频""音效"选项,为其添加"机械"分类下的"打字声"音效,如图7-40所示。

Step 03:为了让"打字声"音效与文字出现的时机相匹配(文字在视频一开始就逐渐出现),需要适当缩短"打字声"音效开头没有声音的部分,从而令音效也在视频开始时就出现,如图7-41所示。

Step 04:要让文字随着"打字声"音效逐渐出现,所以要调节文字动画的速度。再次选择文本轨道,点击界面下方的"动画"选项,如图7-42所示。

图 7-39

图 7-40

图 7-41

Step 05：适当延长动画时长，并反复试听，直到最后一个文字出现的时间点与"打字声"音效结束的时间点基本一致即可。对于该案例而言，当入场动画时长设置为"1.6s"时，与"打字声"音效基本匹配，如图 7-43 所示。至此，"打字"效果即制作完成。

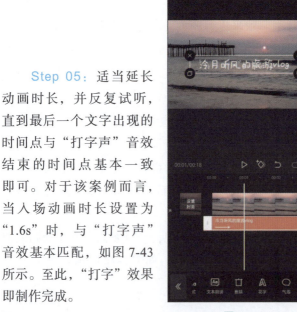
图 7-42

图 7-43

第7章 打造百变文字，让视频"文艺"起来

7.5 案例实战1：文字遮挡效果

当文字与剪映中的其他功能组合运用时，可以实现更丰富、更精彩的效果。本案例将介绍如何制作文字被画面中景物遮挡的效果，以及如何利用文字制作出精彩片头。在后期制作过程中，将使用到剪映的"画中画""蒙版""关键帧""特效"等功能。

7.5.1 制作文字图片素材

如果直接在画面中添加文字，就无法配合使用"画中画""蒙版"等功能，导致很多效果无法实现，所以先要制作文字图片素材，让文字以图片或者视频素材的形式导入剪映，具体操作步骤如下。

Step 01：点击"开始创作"后，添加"素材库"中的"黑场"素材，如图 7-44 所示。

Step 02：点击界面下方的"文字"选项，如图 7-45 所示。

Step 03：点击"新建文本"选项，输入希望在画面中显示的文字。该案例中，笔者准备的素材是一段城市建筑画面，所以输入文字"现代城市生活"，如图 7-46 所示。

图 7-44

图 7-45

图 7-46

Step 04：选中文字，点击界面下方的"样式"选项，如图 7-47 所示。

Step 05：笔者在此处选择"新青年体"。当然，各位也可以选择其他字体，并在该界面下调整文字的颜色、描边等，如图 7-48 所示。

Step 06：将剪映截屏，并使用手机自带软件裁剪出图片中黑底的文字，如图 7-49 所示。至此，文字图片素材就制作好了。

图 7-47　　　　　　　　图 7-48　　　　　　　　图 7-49

7.5.2　制作文字遮挡及放大效果

文字图片素材准备好后，即可开始创作文字遮挡及放大效果，具体操作步骤如下。

Step 01：将视频素材导入至剪映，点击界面下方的"画中画"选项，如图 7-50 所示。

Step 02：点击"新增画中画"选项，将已经准备好的文字图片素材导入剪映，如图 7-51 所示。

Step 03：选中文字图片素材轨道，点击界面下方的"混合模式"选项，如图 7-52 所示。

Step 04：选择"滤色"模式，文字背景的黑色就消失了，如图 7-53 所示。

第7章 打造百变文字，让视频"文艺"起来

Step 05：选中文字，将其移动至如图 7-54 所示的位置。

Step 06：继续选中该文字，点击界面下方的"蒙版"选项，选择"线性"蒙版，旋转该蒙版，使其刚好与建筑左侧边缘相切，并且让文字完全消失，如图 7-55 所示。

图 7-50

图 7-51

图 7-52

图 7-53

图 7-54

图 7-55

Step 07：将文字图片素材轨道拖动至最左侧，然后将时间轴移动至轨道最左侧。选中文字图片素材轨道，点击 图标，添加关键帧，如图7-56所示。

Step 08：将时间轴移动至希望文字完全显示的时间点，该案例在2.5s附近。然后选中文字图片素材轨道，在预览界面中向左水平拖动文字的位置。由于此时看不到文字，所以只能通过印象中文字的大概长度进行判断，如图7-57所示。

Step 09：保持时间轴不动，选中文字图片素材轨道，点击界面下方的"蒙版"选项，将蒙版线条向右移动至建筑边缘，同时显示文字。此时，就可以观察到文字是否完全显示出来了。如果没有完全显示出来，如图7-58所示，则需要再次向左移动文字，并相应调整蒙版线条的位置，直到蒙版线条与建筑左侧边缘相切，并且文字在建筑左侧完全显示为止，如图7-59所示。

图 7-56　　　图 7-57　　　图 7-58　　　图 7-59

Step 10：选中文字图片素材轨道，向右拖动右侧白框，延长文字显示时长，并移动时间轴至希望文字结束放大动画效果的时间点。该案例中，时间轴位于5s的位置，如图7-60所示。

Step 11：保持时间轴的位置不动，将画面中的文字放大，并移动至中央，如图7-61所示。此时即制作出文字从大厦"背后"出现，并逐渐放大移动至画面中央的效果。

Step 12：由于5s时，文字已经完全放大，为了让标题展示时间更充足，所以将文字图片素材轨道拉长至6s左右，然后将主视频轨道结尾与文字图片素材轨道结尾对齐，如图 7-62 所示。

图 7-60　　　　　　　图 7-61　　　　　　　图 7-62

7.5.3　添加特效和背景音乐

为视频添加特效和背景音乐，让以文字效果为主的片头更精彩，具体操作步骤如下。

Step 01：点击界面下方的"特效"选项，选择"动感"分类下的"文字闪动"效果，如图 7-63 所示。之所以选择该特效，是因为其不断出现的字母具有一定的现代感，与标题和画面内容都能够很好地搭配。

Step 02：移动时间轴，找到文字从大厦"背后"完全出现，并且刚要放大的时间点，然后长按该特效轨道并拖动，使其开头吸附在时间轴上，如图 7-64 所示。

Step 03：选中该特效轨道，将其结尾与视频轨道结尾对齐，如图 7-65 所示。

> 提示：先移动时间轴确定位置，再拖动特效、贴纸、文字等轨道至时间轴处，这是常用的确定某效果作用范围的方法。但需要注意的是，在确定时间轴位置后，一定要直接长按特效、贴纸、文字等轨道进行移动，否则在选中特效等轨道的瞬间，时间轴的位置就会发生移动。

图 7-63　　　　　　图 7-64　　　　　　图 7-65

Step 04：点击界面下方的"新增特效"选项，选择"动感"分类下的"心跳"效果，如图 7-66 所示。

Step 05：选中"文字闪动"轨道，点击界面下方的"作用对象"选项，将其设置为"全局"，如图 7-67 所示。

图 7-66　　　　　　图 7-67

第7章 打造百变文字，让视频"文艺"起来

Step 06：选中"心跳"轨道，将"作用对象"设置为"画中画"，如图 7-68 所示。

Step 07：将"心跳"轨道的开头与"文字闪动"轨道的开头对齐，并适当缩短该特效，让文字只"跳动"一次，如图 7-69 所示。为其添加一首"酷炫"分类下的《失波》作为背景音乐即完成整个效果制作。

图 7-68　　　　　图 7-69

7.6 案例实战2：文艺感十足的镂空文字开场

镂空文字开场既可以展示视频标题等文字信息，又可以使画面显得文艺感十足，是制作微电影、Vlog 等视频常用的开场方式。

制作镂空文字开场的重点在于利用关键帧制作文字缩小效果，再利用蒙版及合适的动画制作大幕拉开的效果。

7.6.1 制作镂空文字效果

镂空文字效果的具体操作步骤如下。

Step 01：点击"开始创作"后，添加"素材库"中的"黑场"素材，如图 7-70 所示。

Step 02：点击界面下方的"文字"选项后，添加文本，注意字的颜色需要设置为白色，然后将文字调整到画面中间位置，效果如图 7-71 所示。

Step 03：截屏当前画面，并将文字部分使用手机中的截图工具以 16∶9 的比例进行裁剪并保存，从而得到文字的图片，如图 7-72 所示。

图 7-70　　　　　　　图 7-71　　　　　　　图 7-72

Step 04：退出剪映再打开，点击"开始创作"，导入准备好的视频素材，如图 7-73 所示。

Step 05：点击界面下方的"画中画"选项，如图 7-74 所示，并将保存好的文字图片导入。

Step 06：导入文字图片后，不要调整其位置。点击界面下方的"混合模式"选项，如图 7-75 所示，并选择"变暗"，此时即实现镂空文字效果，如图 7-76 所示。

> 提示：视频素材中高光面积较大时，可以令镂空文字与周围的黑色背景产生较强的明暗对比，从而让文字的轮廓更清晰，呈现出更好的视觉效果，所以建议所选素材的高光区域最少占画面的 1/2。

图 7-73

第7章 打造百变文字，让视频"文艺"起来

图 7-74

图 7-75

图 7-76

7.6.2 制作文字逐渐缩小的效果

Step 01：在不改变文字图片位置的情况下放大该图片，并将时间轴调整到文字图片轨道的起点，点击轨道上方的◇图标，添加关键帧，如图 7-77 所示。

Step 02：将时间轴移动到希望文字恢复正常大小的时间点，此处选择为视频播放后 3s。选中视频轨道，点击界面下方的"分割"选项，如图 7-78 所示。

Step 03：选择文字图片轨道，将其轨道结尾与分割后的第 1 段视频素材轨道对齐，并调整该图片大小至刚好覆盖视频素材，此时剪映会自动打上一个关键帧，从而实现文字逐渐缩小的效果，如图 7-79 所示。

> 提示：该步骤中，Step 02 和 Step 01 的顺序可以互换，不影响制作。另外，将时间轴移动到某个已添加的关键帧处时，原本"增加关键帧"工具将自动转变为"去掉关键帧"工具。

 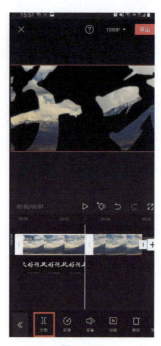 

图 7-77　　　　　　图 7-78　　　　　　图 7-79

7.6.3　为文字图片添加蒙版

为了让文字呈现大幕拉开的效果，需要添加"线性"蒙版，具体操作步骤如下。

Step 01：选中之前进行关键帧处理的文字图片轨道并复制，如图 7-80 所示。

Step 02：移动时间轴至复制的文字图片轨道的关键帧，再次点击图标，取消复制文字图片的关键帧（首尾共两个），如图 7-81 所示。

Step 03：选中复制的文字图片轨道，点击界面下方的"蒙版"选项，如图 7-82 所示。

Step 04：选择"线性"蒙版，此时下半部分的文字已经消失，如图 7-83 所示。

Step 05：复制刚刚添加了蒙版的文字图片轨道，并将复制后的轨道移动到其下方，同时对齐两端，如图 7-84 所示。

Step 06：选中上一步中复制的文字图片轨道，再次选择"蒙版"选项，并点击左下角的"反转"选项，得到的画面效果如图 7-85 所示。

第7章 打造百变文字，让视频"文艺"起来

图 7-80

图 7-81

图 7-82

图 7-83

图 7-84

图 7-85

7.6.4 实现大幕拉开效果

利用"线性"蒙版将文字图片分为上下两部分后，就可以添加动画实现大幕拉开效果，具体操作步骤如下。

Step 01：选中上方的文字图片轨道，点击"动画"选项，如图7-86所示。

Step 02：继续点击"出场动画"选项，如图7-87所示。

Step 03：选择"向上滑动"动画，并将动画时长条拉到最右侧，如图7-88所示。

Step 04：选择下方的文字图片轨道，其操作与上方文字图片几乎完全一致，唯一的区别是选择"向下滑动"动画，如图7-89所示，再添加一首与视频素材内容匹配的背景音乐即完成镂空文字开场的制作。

> **提示：** 按照该流程制作的镂空文字开场，会在文字刚刚恢复到正常大小后就立刻上下分离。
>
> 但如果想让正常大小的镂空文字持续一小段时间，再呈现大幕拉开效果该如何进行操作呢？其实只需要将分割的第1段视频素材轨道右侧边框再向右侧拖动，拖动的时长就是镂空文字保持正常大小的时长。然后将两层添加蒙版的文字图片轨道向右移动，与分割后的第2段视频素材轨道对齐，如图7-90所示。将添加关键帧的文字图片轨道右侧边框也相应地向右拖动，与视频素材轨道对齐即可，如图7-91所示。

图 7-86

图 7-87

图 7-88

图 7-89

第7章 打造百变文字，让视频"文艺"起来

图 7-90

图 7-91

7.7 案例实战3：文字遮罩转场效果

如果没有在前期拍摄时为后期剪辑打下制作酷炫转场效果的基础，又不想局限于剪映提供的"一键转场"，那么通过视频后期技术，其实也可以制作出一些比较震撼的转场效果，如该案例向各位介绍的文字遮罩转场效果。

在该效果中，画面中的文字将逐渐放大，直至填充整个画面。由于"文字内"是另一个视频片段的场景，所以就实现了两个画面间的转换。下面就介绍文字遮罩转场效果的制作方法。

7.7.1 让文字逐渐放大至铺满整个预览区

先确定画面中用来遮罩转场的文字，然后再让文字逐渐放大至铺满整个预览区，具体操作步骤如下。

Step 01：导入一张纯绿色的图片，并将比例调整为"16：9"，如图7-92所示。

Step 02：整个文字遮罩转场效果需要持续多长时间，就将该绿色图片轨道拉到多长时间。该案例中，将其时长拉长到8s，如图7-93所示。

Step 03：添加用来遮罩转场的文字，往往是该视频的标题，并将该文字设置

为红色，如图 7-94 所示。

图 7-92

图 7-93

图 7-94

Step 04：将时间轴移动到轨道最左侧，点击 图标，添加关键帧，如图 7-95 所示。

Step 05：在 4s 往右一些的位置再添加一个关键帧，并在此关键帧处，将文字放大至如图 7-96 所示的大小。

图 7-95

图 7-96

第7章 打造百变文字，让视频"文艺"起来

Step 06：将时间轴移动到素材轨道的结尾，再添加一个关键帧，在该关键帧处，将文字继续放大，直至红色铺满整个预览区，如图 7-97 所示。接下来点击右上角的"导出"，将其保存至相册。

> 提示：之所以在 4s 之后添加一个关键帧，目的是让文字"变大"的速度具有变化。如果没有这个关键帧，文字从初始状态放大到铺满整个预览区的过程是匀速的，很容易让观众感觉到枯燥。另外，在添加第 1 个关键帧后，剩余两个关键帧也可以不手动添加。移动时间轴到需要添加关键帧的位置，然后直接放大文字，剪映会自动在时间轴所在位置添加关键帧。

图 7-97

7.7.2 让文字中出现画面

既然制作转场效果，那么就必然有两个视频片段，接下来要让文字中出现转场后的画面，具体操作步骤如下。

图 7-98

图 7-99

Step 01：导入转场之后的视频素材，如图 7-98 所示。

Step 02：点击界面下方的"调节"选项，并提高"亮度"数值，让画面更明亮，然后调节比例至"16：9"，如图 7-99 所示。

之所以进行这一步处理，是因为在该效果中，只有文字内的画面与文字外的画面有一定的明暗对比才会更精彩。此处提高"亮度"数值，是为了增强与转场前画面的明暗对比。

Step 03：点击界面下方的"画中画"选项，继续点击"新增画中画"，选中之前制作好的文字视频

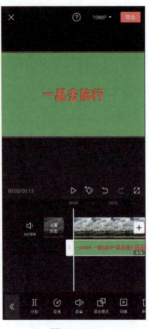

导入剪映，如图7-100所示。

Step 04：调整绿色背景的文字视频，使其铺满整个预览区，如图7-101所示。

Step 05：选中绿色背景的文字视频轨道，点击界面下方的"色度抠图"选项，如图7-102所示。

Step 06：将"取色器"移动到红色文字范围，提高"强度"数值，将红色的文字抠掉，从而让文字中出现画面，如图7-103所示。

Step 07：点击界面右上角的"导出"，将该视频保存至相册，如图7-104所示。

图7-100　　　　图7-101

图7-102　　图7-103　　图7-104

第7章 打造百变文字，让视频"文艺"起来

> 提示：笔者在导出操作时，忘记将剪映默认的片尾删除。当然，在之后的制作中将其删除也可以，但多少会让后期流程显得不那么顺畅。所以，此处建议各位在导出前，将剪映默认的片尾删除。

7.7.3 制作文字遮罩转场效果

之前两小节可以看成制作素材，接下来就能够制作文字遮罩转场效果了，具体操作步骤如下。

Step 01：将转场前的视频素材导入剪映，如图 7-105 所示。

Step 02：点击界面下方的"比例"，选择"16：9"，并使素材铺满整个预览区，如图 7-106 所示。

Step 03：将之前制作好的视频素材以"画中画"的方式导入剪映，并调整大小，使其铺满整个预览区，如图 7-107 所示。

图 7-105　　　　　图 7-106　　　　　图 7-107

Step 04：选中"画中画"轨道，点击界面下方的"色度抠图"选项，并将"取色器"移动到绿色区域，如图 7-108 所示。

Step 05：提高"强度"数值，即可将绿色区域完全抠掉，从而显示出转场前的画面，如图 7-109 所示。

Step 06：将时间轴移动至主视频轨道结尾，将主视频轨道与"画中画"轨道的长度进行统一，如图 7-110 所示。此处其实只要保证主视频轨道比"画中画"轨道短即可。

至此，文字遮罩转场效果其实就已经制作完成了，将其导出保存至相册即可。接下来的操作是对该效果进行润色，从而使其表现出的效果更佳。

图 7-108

图 7-109

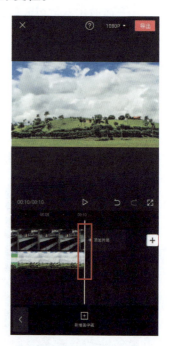
图 7-110

提示：如果觉得文字放大的速度过快或者过慢，可以选中"画中画"轨道，然后点击界面下方的"变速"选项，以精确调节文字遮罩转场的速度。

7.7.4 对画面进行润色

下面对画面进行一定润色，从而令转场效果更精彩，具体操作步骤如下。

Step 01：将之前制作好的视频再次导入剪映，并将其比例调整为"9∶16"，从而更适合在抖音发布，如图 7-111 所示。

第7章 打造百变文字，让视频"文艺"起来

Step 02：点击界面下方的"背景"选项，选择"画布模糊"，添加一种模糊样式，如图 7-112 所示。

Step 03：点击界面下方的"音频"选项，添加背景音乐，此处选择"酷炫"分类下的《Falling Down》，如图 7-113 所示。

图 7-111

图 7-112

图 7-113

图 7-114

Step 04：通过试听发现，转场后正好有一个明显的低音节拍点，所以在该节拍点处添加特效，选择"自然"分类下的"晴天光线"特效，如图 7-114 所示。

至此，文字遮罩转场效果就制作完成了。

> 提示：为何不直接在 7.7.3 小节中将比例改为"9∶16"并添加模糊背景呢？
>
> 原因在于，模糊背景均是以主视频轨道画面为基准进行画面模糊的。而在 7.7.3 小节中，主视频轨道始终为转场前的画面。这就导致转场后的画面出现时，背景依旧是转场前的背景，画面的割裂感会非常强，如图 7-115 所示。但将视频以 16∶9 的比例导出后，再导入剪映添加背景时，转场前后的画面均位于主视频轨道，这就使背景可以与视频融为一体，大大提升了画面美感，如图 7-116 所示。
>
>
>
> 图 7-115　　　　　　　图 7-116

实战拓展

　　本章免费为读者提供了电子版的案例实战"文字烟雾效果"和"利用文字赋予视频'情绪'"作为知识补充，请扫描本书前言的"读者服务"下的二维码进行下载。

扫码学习案例实操视频

第8章
学会后期调色，制作具有电影质感的短视频

8.1 如何对视频画面色彩进行基础调节

8.1.1 "调节"功能有何作用

"调节"功能的作用主要有两点：调节画面的亮度和调节画面的色彩。在调节画面亮度时，除可以调节明暗外，还可以单独对画面中的高光（见图8-1）和阴影（见图8-2）进行调整，从而令视频的影调更细腻、更有质感。

由于不同的色彩具有不同的"情感"，所以通过"调节"功能能够表达出视频制作者的情绪。

图 8-1

图 8-2

8.1.2 如何利用"调节"功能制作小清新风格的视频

Step 01：将视频导入剪映后，滑动界面下方的选项栏，点击最右侧的"调节"选项，如图8-3所示。

Step 02：利用"调节"选项中的工具调整画面亮度，使其更接近小清新风格。点击"亮度"选项，适当提高"亮度"数值，让画面显得更阳光，如图8-4所示。

Step 03：点击"高光"选项，并适当降低"高光"数值。因为在提高亮度后，画面中较亮区域的细节有所减少，降低"高光"数值可以恢复部分细节，如图8-5所示。

图8-3

图8-4

图8-5

Step 04：为了让画面显得更清新，就要让阴影区域不那么暗。点击"阴影"后，提高"阴影"数值，使画面变得更加柔和。至此，小清新风格的影调就确定了，如图8-6所示。

Step 05：对画面色彩进行调整，由于小清新风格的画面，其色彩饱和度往往偏低，点击"饱和度"，适当降低该数值，如图8-7所示。

Step 06：点击"色温"选项，适当降低该数值，让色调偏蓝一点，因为冷调

第8章 学会后期调色，制作具有电影质感的短视频

的画面可以传达出一种清新的视觉感受，如图8-8所示。

图 8-6

图 8-7

图 8-8

Step 07：点击"色调"选项，降低其数值，为画面增添些绿色。因为绿色代表自然，与小清新风格给人的视觉感受是一致的，如图8-9所示。

Step 08：提高"褪色"数值，营造"空气感"，至此画面就具有了小清新风格，如图8-10所示。只有调节轨道覆盖的范围，才能够在视频中表现出来。而图8-11中的黄色轨道覆盖的范围就表现了利用"调节"功能所实现的小清新风格的画面。

图 8-9

图 8-10

199

当时间轴位于黄色轨道覆盖的位置时，画面具有小清新色调，如图 8-11 所示；而当时间轴位于黄色轨道没有覆盖到的位置时，画面就恢复为原始色调了，如图 8-12 所示。因此，最后一定记得控制调节轨道，使其覆盖希望添加效果的片段。针对该案例，为了让整个视频都是小清新风格的，所以将黄色轨道覆盖整个视频时长，如图 8-13 所示。

图 8-11

图 8-12

图 8-13

提示： 在不选中视频轨道的情况下使用"调节"功能才会出现调节轨道，否则调节的效果将直接应用在所选视频轨道上，而不会出现调节轨道。因此，如果希望利用调节轨道灵活控制效果的作用范围，就在使用该功能时，不要选中任何视频轨道。

8.1.3　专业版剪映独有的"HSL"面板有何作用

"HSL"即为色相（Hue）、饱和度（Saturation）和亮度（Lightness）这三个颜色属性的简称，而这 3 个颜色属性又被称为"色彩三要素"。人眼所看到的所有色彩都与这 3 个要素有关，并且变动其中任何一个要素，色彩都会发生变化。

第8章　学会后期调色，制作具有电影质感的短视频

而专业版剪映中的"HSL"面板就是一个可以分别调节 8 种颜色（红、橙、黄、绿、青、蓝、紫、洋红）的色相、饱和度和亮度的面板，如图 8-14 所示。当画面中存在（必然存在）与 8 种颜色相近的色彩时，就可以分别对其进行调整，从而获得个性化色调。

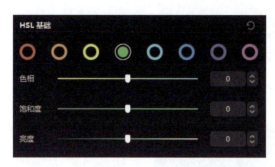

图 8-14

8.1.4　通过"HSL"面板调出色彩浓郁的日落景象

下面使用"HSL"面板，让天空的色彩变得更浓郁。在调色前，天空的色彩如图 8-15 所示，下面介绍调色步骤。

Step 01：选中视频轨道后，选择右上角"调节"下的"HSL"选项，将"红色"（左数第 1 个颜色）的饱和度提高到"19"，亮度降低到"-44"，如图 8-16 所示，这样可以让天空的"红"变得更浓郁，如图 8-17 所示。

图 8-15

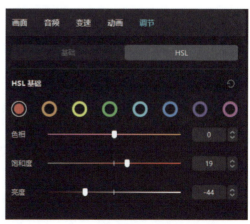

图 8-16

图 8-17

Step 02：选择"橙色"（左数第 2 个颜色），将色相调整为"18"，从而让天空的层次感更突出，避免画面过于平淡；将饱和度提高至"30"，让色彩更浓郁；将亮度略微降低至"-17"，如图 8-18 所示，让画面更有落日时的氛围。最终效果如图 8-19 所示。与图 8-15 相比，视觉上的差异较为明显。

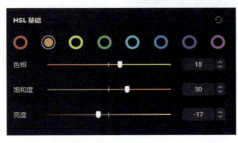

图 8-18

图 8-19

8.2 如何快速对一批视频进行调色

在手机版剪映中，用户只能单独为一个视频进行调色，因此当需要为一批视频进行调色时，就有些麻烦。通过专业版剪映，用户可以将调节的效果存储为"预设"，从而快速为一批视频进行调色。

8.2.1 什么是预设

所谓预设，就是将使用"调节"工具设置的各个参数保存起来并生成文件，从而在对一个新视频进行调色时，不需要将"调节"工具中的那些选项依次再设置一遍，而是直接添加预设，就可以一次性将所有选项参数应用到视频中。

第8章　学会后期调色，制作具有电影质感的短视频

8.2.2　如何生成预设

既然将各项"调节"参数保存起来就是预设，那么这个保存的过程，其实就是在生成预设。该过程只有在专业版剪映中才能实现，具体操作步骤如下。

Step 01：单击界面上方的"调节"按钮，选择"调节"下的"自定义"选项，然后单击 ⊕ 图标，如图8-20所示。

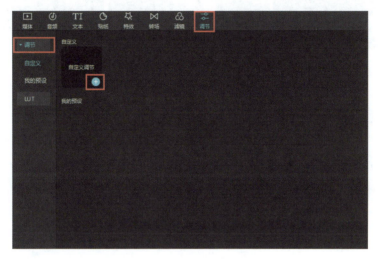

图 8-20

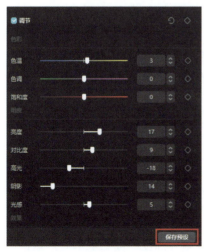

图 8-21

提示：预设效果未必适合所有的视频，所以往往需要在添加预设效果后，通过图8-21的面板进行微调。

Step 02：选中时间线区域中的调节轨道，然后在界面右上角即可进行各项参数调节。调节至理想效果后，单击界面右下角的"保存预设"按钮，如图8-21所示。

Step 03：为保存的预设进行命名，此处命名为"预设1"，如图8-22所示。至此即生成了一个预设，在左侧面板"我的预设"中即可找到，如图8-23所示。

Step 04：添加该预设，即可通过调整轨道位置和覆盖范围，来确定为哪些画面添加预设效果，如图 8-24 所示。

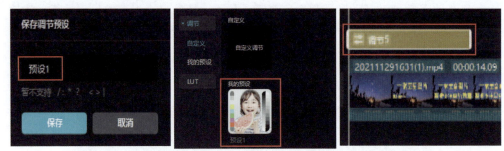

图 8-22　　　　　　　　图 8-23　　　　　　　　图 8-24

8.3　如何快速调出不同风格的视频

"调节"功能需要手动调节各参数才能实现不同的视频色调，而"预设"功能虽然能一键调色，但也要在已经手动调节了一种色调的基础上，才能将其保存为预设。归根结底，以上两种调色方式都少不了调节各项参数。而下面要介绍的"滤镜"功能，则可以快速调出多种不同风格的视频。

8.3.1　什么是滤镜

各位可以将滤镜理解为软件自带的各种预设，即这些预设不需要我们去手动调节后再保存了，软件开发者已经为我们把各个参数都设置好了，并且保存成了"滤镜"。添加不同的滤镜，就会直接显示出不同的色调，而且"滤镜"功能在手机版剪映和专业版剪映中都可使用。

8.3.2　如何使用"滤镜"功能

Step 01：进入剪映，点击"滤镜"选项，如图 8-25 所示。

Step 02：选择一种滤镜，即可让视频呈现出调色后的效果，如图 8-26 所示。

Step 03：拖动界面下方的滑动条，可以调节滤镜强度。确定效果后，点击右下角的"√"即可，如图 8-27 所示。

第8章 学会后期调色，制作具有电影质感的短视频

图 8-25

图 8-26

图 8-27

Step 04：通过调整滤镜轨道的位置，即可确定该效果的作用范围，如图 8-28 所示。

需要强调的是，若在添加滤镜效果时，先选中了某一视频轨道，再点击"滤镜"选项，如图 8-29 所示。在添加滤镜效果后，该效果会直接作用在所选视频片段上，并且不会出现滤镜轨道，如图 8-30 所示。因此，如果需要为整段素材进行调色，则建议在不选中任何视频轨道的情况下，使用"滤镜"功能。

图 8-28

图 8-29

Step 05：正是因为剪映有这两种添加滤镜的不同操作方式，所以如果觉得一个滤镜的效果不够明显，那么可以再添加一次该滤镜。

方法就是先以"选中视频轨道添加滤镜"的方式操作一次,再以"不选中视频轨道添加滤镜"的方式操作一次,从而实现效果的叠加。图 8-31 就是添加了 2 次"江浙沪"滤镜的效果,可以看到其滤镜效果更明显了。

利用该方法,还可以将两种不同的滤镜效果叠加表现,从而实现更个性化的色调,图 8-32 就是"透亮"和"江浙沪"两种滤镜叠加后的效果。

图 8-30

图 8-31

图 8-32

8.4 如何套用别人的调色风格

如果喜欢别人视频的色调,但自己怎么也调不出来怎么办?这时就需要套用 LUT。

8.4.1 什么是LUT

LUT 是 Look Up Table 的首字母缩写,意思是显示查找表。其作用是将一组

第8章 学会后期调色，制作具有电影质感的短视频

RGB 值输出为另一组 RGB 值，进而快速转换画面的亮度与色彩。因此，完全可以将 LUT 简单理解为滤镜。

8.4.2 LUT与滤镜有何不同

LUT 虽然可以简单理解为滤镜，但它绝不只是滤镜。其与滤镜的最大区别就是文件可以灵活地导出与导入，并且可以跨软件使用。为了可以让读者更好地理解，下面举个实际的例子。

例如，通过图片后期软件进行修图时，发现了一个很好看的滤镜，但是这个滤镜在视频后期软件中没有，而我们又无法将图片后期软件中的滤镜添加到视频后期软件中，这时该怎么办呢？其实，可以将这种滤镜从图片后期软件中导出为 LUT 文件，然后将该 LUT 文件导入视频后期软件，就能让视频也实现相同的效果了。

很多 LUT 文件都是专门为电影设计的，所以通过 LUT 文件改变画面色彩后，往往会使视频具有电影感，这也是普通滤镜所不具备的。

8.4.3 如何生成LUT文件

图 8-33

目前，无论是专业版剪映还是手机版剪映均不支持生成 LUT 文件（专业版剪映支持导入 LUT 文件），所以如果想生成 LUT 文件，需要借助第三方软件。此处以 Photoshop 为例，向各位介绍生成 LUT 文件的方法。

Step 01：打开 Photoshop，单击图层面板下方的 图标，进行调色，如图 8-33 所示。

Step 02：调色完成后，执行"文件"→"导出"→"颜色查找表"命令，如图 8-34 所示。

Step 03：在弹出的窗口中选中"CUBE"复选框，单击"确定"按钮，如图 8-35 所示。

Step 04：选择存储 LUT 文件的文件夹后，单击"保存"按钮即可，如图 8-36 所示。

图 8-34

图 8-35

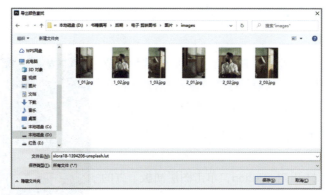

图 8-36

8.4.4 如何套用LUT文件

其实大多数人使用的是网络上下载的 LUT 文件，而且其中很多都是盗版的。笔者在这里建议各位尊重版权，付费购买 LUT 文件使用。

当然，也有一些创作者提供免费的 LUT 文件，但很难找到。

本小节将以上一小节刚刚生成的 LUT 文件为例进行讲解。

第8章 学会后期调色，制作具有电影质感的短视频

Step 01：打开专业版剪映，执行"调节"→"LUT"→"导入 LUT"命令，如图 8-37 所示。

Step 02：选择一个 LUT 文件，单击右下角的"打开"按钮，如图 8-38 所示。

Step 03：此时在剪映中即可看到导入的 LUT 文件，添加至视频中即可，如图 8-39 所示。

Step 04：调节轨道即可确定该效果的作用范围，如图 8-40 所示。

图 8-37

图 8-38

图 8-39

图 8-40

8.5 案例实战1：通过润色画面实现唯美渐变色效果

在该案例中向读者介绍两种制作渐变色效果的方法。在这两种方法中，"调节"、"滤镜"和"动画"功能都起到了重要作用。除这三个功能外，还需用到"关键帧"和"蒙版"功能。

8.5.1 制作前半段渐变色效果

该渐变色案例分为两个部分，其中前半段，即第一部分的渐变色效果是整体缓

慢变色；而后半段，即第二部分的渐变色效果是局部推进式渐变色。我们先来制作前半段的渐变色效果，具体操作步骤如下。

Step 01：导入素材，只保留 6s 左右的时长即可。然后点击界面下方的"比例"选项，设置为"9∶16"，再点击"背景"选项，设置为"画布模糊"，得到如图 8-41 所示的效果。

Step 02：选中视频轨道，点击界面下方的"滤镜"选项，选择"风景"分类下的"远途"，如图 8-42 所示。

Step 03：点击界面下方的"调节"选项，并适当提高"色温"数值，可以让画面更偏暖调，从而营造秋天的感受，如图 8-43 所示。

图 8-41

图 8-42

图 8-43

Step 04：选中视频轨道，将时间轴移动到视频开头，点击◇图标，添加关键帧，如图 8-44 所示。

Step 05：继续移动时间轴至视频结尾，点击◇图标，再添加一个关键帧，如图 8-45 所示。

Step 06：将时间轴移动回视频开头的关键帧，如图 8-46 所示，点击界面下方

第8章 学会后期调色,制作具有电影质感的短视频

的"滤镜"选项,将滤镜数值调整为"0",如图 8-47 所示。至此,前半段的渐变色效果就完成了。

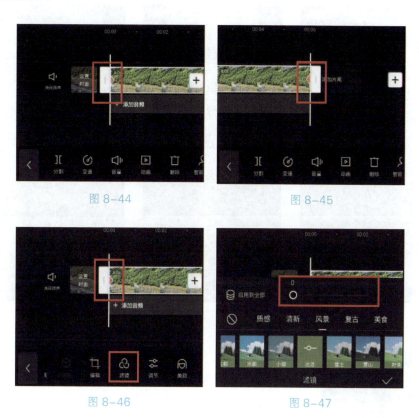

图 8-44　　　　　　　　图 8-45

图 8-46　　　　　　　　图 8-47

8.5.2 制作后半段渐变色效果

后半段渐变色效果需要用到"蒙版"工具,难度相对较高,但却可以实现局部渲染式渐变色效果,具体操作步骤如下。

Step 01:退出制作前半段渐变色效果的剪映编辑界面,然后导入后半段的素材,调节比例为"9:16",设置"背景"为"画布模糊"。点击界面下方的"滤镜"选项,依旧选择"风景"分类下的"远途",实现秋天的效果,如图 8-48 所示。

Step 02:点击界面下方的"调节"选项,提高"色温"数值,使其暖调色彩更明亮、浓郁,如图 8-49 所示,然后将该段视频导出。

Step 03:打开之前制作的前半段渐变色效果视频的草稿,点击视频轨道右侧

的+图标，将没有变色的后半段素材添加到剪映中，如图8-50所示。

图8-48

图8-49

图8-50

图8-51

Step 04：点击界面下方的"画中画"选项，继续点击"新增画中画"，将之前导出的、变色后的后半段视频添加至剪辑界面，如图8-51所示。

Step 05：将"画中画"轨道中的变色后的后半段视频片段与变色前的后半段视频片段首尾对齐，并让变色后的画面刚好铺满整个预览区，如图8-52所示。

Step 06：点击界面下方的"音频"选项，添加背景音乐，并截取需要的部分，然后将视频轨道结尾及"画中画"轨道结尾与音频轨道结尾对齐，如图8-53所示。此步的目的是确定视频长度，为接下来添加关键帧打下基础。

Step 07：选中"画中画"轨道，点击界面下方的"蒙版"选项，选择"线性"蒙版，将其旋转为90°，并向右拖动◎图标，增强羽化效果，如图8-54所示。

第8章　学会后期调色，制作具有电影质感的短视频

图 8-52

图 8-53

图 8-54

Step 08：随后将"线性"蒙版拖动到最左侧，如图 8-55 所示。

Step 09：将时间轴移动到"画中画"轨道的最左侧，点击◇图标，添加关键帧，如图 8-56 所示。

Step 10：将时间轴移动到视频的结尾，点击◇图标，添加关键帧，如图 8-57 所示。

Step 11：不要移动时间轴，点击界面下方的"蒙版"选项，将"线性"蒙版从最左侧拖动到最右侧，如图 8-58 所示。至此，局部渲染式的渐变色效果就制作好了。

图 8-55

图 8-56

图 8-57

图 8-58

8.5.3 添加转场、特效、动画让视频更精彩

单纯展示渐变色效果的视频会比较生硬，因此仍需添加转场、特效、动画等对视频进行润色，具体操作步骤如下。

Step 01：为前后两段渐变色效果视频添加转场效果，此处选择"运镜转场"分类下的"向左"，如图 8-59 所示。

Step 02：选中前半段视频轨道，点击界面下方的"动画"选项，为其添加"入场动画"下的"轻微放大"，并将动画时长条拉到最右侧，从而让视频的开场更自然，如图 8-60 所示。

Step 03：点击界面下方的"特效"选项，在后半段视频结尾添加"自然"分类下的"落叶"效果，从而强化秋天的感受，并增强画面动感，如图 8-61 所示。

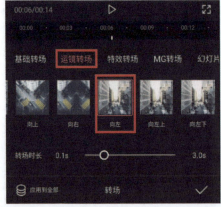
图 8-59

第8章 学会后期调色,制作具有电影质感的短视频

图 8-60

图 8-61

Step 04:选中所加特效轨道,点击界面下方的"作用对象",将其设置为"全局",从而让"落叶"特效出现在整个画面中,如图 8-62、图 8-63 所示。

Step 05:点击界面下方的"新增特效"选项,在视频结尾添加"基础"分类下的"闭幕",如图 8-64 所示,并按照上一步的方法,使其作用到"全局",从而让视频不会结束得太过突兀。

图 8-62

图 8-63

图 8-64

提示:该渐变色案例的后半段视频的处理方法还可以实现多种效果,如老照片上色、10年前后人物对比等。其实,这些效果的核心都是利用"画中画""蒙版""关键帧"功能,让一个画面逐渐变化为另一个画面。因此,各位在学习之后,一定要尝试举一反三,这样才能灵活运用剪映的各种功能,实现想象中的效果。

8.6 案例实战2：小清新漏光效果

除利用滤镜外，还可以通过"特效"功能来改变画面色彩，进一步拓宽读者通过剪映调节画面色彩的思路，并学会灵活运用各种功能来使画面色彩更突出、特点更鲜明。该案例中除运用"特效"和"滤镜"外，还需要使用"画中画""变速"等功能。

8.6.1 导入素材、音乐，确定基本画面风格

为了营造出小清新的风格，将画面上下加上白色边框，并选择柔和的背景音乐，具体操作步骤如下。

Step 01：导入准备好的素材至剪映。如果素材数量不够，可以在导入素材界面点击右上角的"素材库"选项，并在"空镜头"分类下进行选择，其中有很多适合制作小清新风格视频的片段，如图8-65所示。

Step 02：依次点击界面下方的"音频""音乐"选项，搜索"Blue"，选择图8-66中红框内的音乐即可。

Step 03：选中音频轨道，点击界面下方的"踩点"选项，然后打开左下角的"自动踩点"功能，选择"踩节拍Ⅰ"，如图8-67所示。

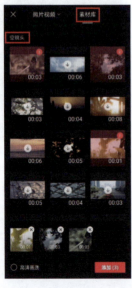
图 8-65

图 8-66

图 8-67

第8章　学会后期调色，制作具有电影质感的短视频

Step 04：由于该案例中使用的部分素材是有声音的，所以当该声音与背景音乐混合在一起后，就会让人感觉有些嘈杂，因此点击时间轴左侧的"关闭原声"选项，将素材自带声音关闭，如图8-68所示。

Step 05：接下来制作画面上下的白框。依次点击界面下方的"画中画""新增画中画"选项，选择"素材库"中的"白场"素材，如图8-69所示。

Step 06：将"白场"素材放大，并向下移动，使其边缘出现在画面下方，从而完成下边白框的制作，如图8-70所示。

图 8-68　　　　图 8-69

Step 07：通过相同的方法，点击界面下方的"新增画中画"选项，再次添加"白场"素材，放大并向上拖动，制作上方白色边框。分别选中两个"白场"轨道，将其拉长至覆盖整个视频。这样，上下白色边框就始终出现在画面中了，如图8-71所示。

Step 08：选中第1段素材轨道，将其轨道结尾与第1个节拍点对齐，以此类推，将每一段素材轨道结尾均与相应的节拍点对齐，如图8-72所示。

 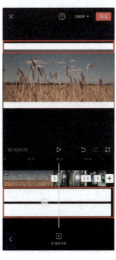 

图 8-70　　　　图 8-71　　　　图 8-72

提示：如果发现某些素材时长过短，无法与相应的节拍点对齐，可以在选中该素材轨道后，依次点击界面下方的"变速""常规变速"选项，适当降低速度，从而延长素材时长，如图8-73所示。

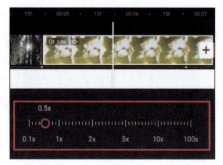

图 8-73

8.6.2 营造漏光效果

接下来通过添加特效、转场等操作营造漏光效果，具体操作步骤如下。

Step 01：点击界面下方的"特效"选项，选择"光影"分类下的"胶片漏光"特效，如图8-74所示。

Step 02：将时间轴移动至"胶片漏光"特效亮度最高的时间点处，选中该特效轨道，拖动右侧框至时间轴处，如图8-75所示。此步的目的是让"胶片漏光"特效在最亮的时候结束，与之后的转场效果衔接，从而让画面的转换更自然。

Step 03：由于需要与转场效果衔接，所以将"胶片漏光"特效轨道的结尾与节拍点对齐，如图8-76所示。

图 8-74

图 8-75

图 8-76

第8章 学会后期调色，制作具有电影质感的短视频

Step 04：选中该特效轨道，点击界面下方的"复制"选项，并将特效轨道移动至每一段素材的下方，将轨道结尾与相应的节拍点对齐，如图 8-77 所示。

Step 05：点击片段衔接处的⬚图标，为其添加转场效果，让"胶片漏光"特效出现后的画面变化更自然，如图 8-78 所示。

Step 06：选择"特效转场"分类下的"炫光"效果，并将"转场时长"设置为"0.5s"，点击界面左下角的"应用到全部"，如图 8-79 所示。

图 8-77　　　　图 8-78

Step 07：在添加转场效果后，画面的转化变成了一个过程，所以需要微调素材长度，使节拍点与转场效果中间位置对齐，从而维持之前的踩点效果，如图 8-80 所示。

Step 08：在微调素材长度时，如果出现部分素材时长不够，无法使转场效果中间位置与节拍点对齐的情况,则需要依次点击界面下方的"变速""常规变速"选项，适当降低速度，如图 8-81 所示。

图 8-79　　　　图 8-80　　　　图 8-81

8.6.3 利用滤镜、文字等润色画面

在漏光效果制作完成后,再通过滤镜、文字等对画面进行润色,具体操作步骤如下。

Step 01:由于此时视频时长已经确定了,所以将时间轴移动至音频轨道结尾,使音频轨道稍稍比主视频轨道短一点。选中音频轨道,点击界面下方的"分割"选项,并将后半段音频删除,如图 8-82 所示,这样可以避免出现只有声音但没有画面的情况出现。将用于形成上下白框的"白场"素材的时长调整至与主视频轨道结尾对齐。

Step 02:点击界面下方的"贴纸"选项,如图 8-83 所示。

Step 03:选择"旅行"分类下的"Travel Vlog"贴纸,不仅与视频主题吻合,还能够营造文艺感,如图 8-84 所示。

图 8-82

图 8-83

图 8-84

Step 04:选中贴纸,即可调整其大小和位置,然后将贴纸轨道结尾与节拍点对齐,从而在"胶片漏光"特效亮度最高时让其自然消失,如图 8-85 所示。

Step 05:继续选中贴纸轨道,点击界面下方的"动画"选项,为其添加"入场动画"分类下的"放大"效果,然后适当延长动画时长,如图 8-86 所示。

Step 06:为了让视频开场更自然,点击界面下方的"特效"选项,添加"基础"

第8章 学会后期调色，制作具有电影质感的短视频

分类下的"模糊"效果，并将其轨道首尾分别与视频开头和第1个节拍点对齐，如图8-87所示。

Step 07：在不选中任何素材的情况下，点击界面下方的"滤镜"选项，添加"清新"分类下的"潘多拉"滤镜，然后让"滤镜"轨道覆盖整个视频，如图8-88所示。

图 8-85　　　　图 8-86　　　　图 8-87　　　　图 8-88

8.7　案例实战3：鲸鱼合成效果

为视频素材调色，除可以让画面色彩更具美感、营造氛围外，还可以让合成效果更自然。该案例将鲸鱼素材与风光素材进行合成，从而营造奇幻感。合成过程中需要使用"滤镜""画中画""蒙版""关键帧"等功能。

8.7.1　让天空中出现鲸鱼

先将鲸鱼素材与风光素材进行合成，从而形成鲸鱼出现在天空中的效果，具体操作步骤如下。

Step 01：导入一段有天空和云彩的风光素材，如图8-89所示。之所以需要有云彩，是为了制作鲸鱼在云层中穿梭的效果，从而让画面看起来更逼真，更有代入感。

Step 02：依次点击界面下方的"画中画""新增画中画"选项，如图8-90所示，将鲸鱼素材添加至画面中。

Step 03：选中鲸鱼素材轨道，点击界面下方的"智能抠像"选项，将鲸鱼从黑色背景中抠出，如图8-91所示。

图8-89　　　　　图8-90　　　　　图8-91

> 提示：视频后期效果不仅与使用的剪辑方式有关，还与选择的素材有关。如果使用的素材与效果不匹配，即便剪辑方式再复杂，剪辑难度再高，也无法得到理想的效果。

Step 04：按住画面中的鲸鱼并拖动，将其调整至合适的位置，如图8-92所示。

Step 05：选中主视频轨道，缩短其长度至与鲸鱼素材轨道相同，如图8-93所示。

图8-92　　　　　图8-93

8.7.2 让鲸鱼在天空中的效果更逼真

虽然"鲸鱼在天上"不可能在现实中存在,但为了让画面效果看起来不是那么粗糙,依然需要进行一些润色,使其看起来更逼真,具体操作步骤如下。

Step 01:选中风光素材轨道,点击界面下方的"复制"选项,如图 8-94 所示。

Step 02:选中通过复制得到的片段轨道,点击界面下方的"切画中画"选项,如图 8-95 所示。

Step 03:随后将此片段轨道放在鲸鱼素材轨道的下方,并与之首尾对齐,如图 8-96 所示。

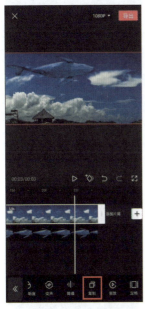
图 8-94

图 8-95

图 8-96

Step 04:选中该片段轨道,点击界面下方的"蒙版"选项,并为其添加"圆形"蒙版。调整蒙版的位置和大小,使其刚好圈住鲸鱼尾巴区域的云层。然后适当拖动 图标,营造些许羽化效果,从而实现鲸鱼尾巴在云层中若隐若现的效果,如图 8-97 所示。

Step 05:为鲸鱼素材添加"滤镜",从而改变其色彩,使它与风光素材的色彩更匹配,增强画面的代入感。选中鲸鱼素材,点击界面下方的"滤镜"选项,如图 8-98 所示。

Step 06：为其添加"风景"分类下的"富士"滤镜，如图 8-99 所示。

图 8-97

图 8-98

图 8-99

8.7.3 让鲸鱼在画面中"游"起来

通过"关键帧"功能让鲸鱼"游"起来，具体操作步骤如下。

Step 01：将时间轴移动到视频轨道开头，选中鲸鱼素材轨道，点击◇图标，添加关键帧，如图 8-100 所示。

Step 02：将时间轴移动到视频的结尾，并拖动画面中的鲸鱼至需要它"游"到的位置，此时剪映会自动在鲸鱼素材轨道添加关键帧，如图 8-101 所示。

Step 03：依次点击界面下方的"音频""音乐"选项，添加一首背景音乐。此处直接搜索"鲸鱼"，并从中选择一首使用，如图 8-102 所示。

Step 04：选中音频轨道，将其结尾与视频轨道结尾对齐即可，如图 8-103 所示。

图 8-100

图 8-101

图 8-102

图 8-103

8.8 案例实战4：时尚杂志封面效果

让同一个画面在节拍点前后形成明显反差的方式之一，就是使其呈现完全不同的色调。为了实现这种效果，往往会用到"滤镜"功能。同时，该案例还会使用"特效"及"贴纸"功能，营造时尚杂志封面的效果。

8.8.1 导入素材并实现音乐卡点

该案例存在从普通画面到时尚杂志封面的转变，那么转变的节点如果可以和音乐节拍相匹配，就可以营造很强的节奏感，具体操作步骤如下。

Step 01：将多张图片素材导入剪映后，点击界面下方的"比例"选项，选择"9：16"，并调整大小至铺满整个预览区，如图8-104所示。

Step 02：将时间轴移动到每张图片素材轨道的中间附近，并点击界面下方的"分割"选项，如图8-105所示。此步骤是为了之后的时尚杂志封面效果做准备，所以目前不用确定其时长。而且分割的位置也没有要求，只要将每一张图片素材的轨道分割成两段即可。

Step 03：点击界面下方的"音频"选项，选择"音乐"，搜索《察觉》这首歌，并使用，如图 8-106 所示。

图 8-104

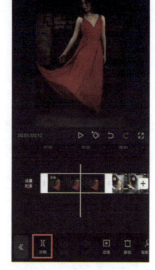
图 8-105

图 8-106

> 提示：将画面比例设置为"9：16"后，如果素材中包含横幅的图片，那么就需要考虑其铺满整个预览区后的构图及清晰度是否符合要求。构图可以通过改变画面位置进行调节，而一旦画质降低过于严重，则只能更换素材。

Step 04：移动时间轴至音乐前奏刚好结束的位置，点击界面下方的"分割"选项，将前奏删除，如图 8-107 所示。

Step 05：选中音频轨道，长按并将其拖动到最左侧，然后点击界面下方的"踩点"选项，如图 8-108 所示。

Step 06：在反复试听音乐的过程中，在音乐节拍处点击"+添加点"，手动添加节拍点，如图 8-109 所示。

Step 07：选中第 1 段视频片段轨道，将其结尾与第 1 个节拍点对齐；再选中第 2 段视频片段轨道，将其结尾与第 2 个节拍点对齐，以此类推，将每段视频片段轨道的结尾均与相应的节拍点对齐，如图 8-110 所示。这样就实现了音乐卡点效果。

第8章 学会后期调色，制作具有电影质感的短视频

Step 08：选中音频轨道，将其结尾与视频轨道结尾对齐即可，如图 8-111 所示。

图 8-107

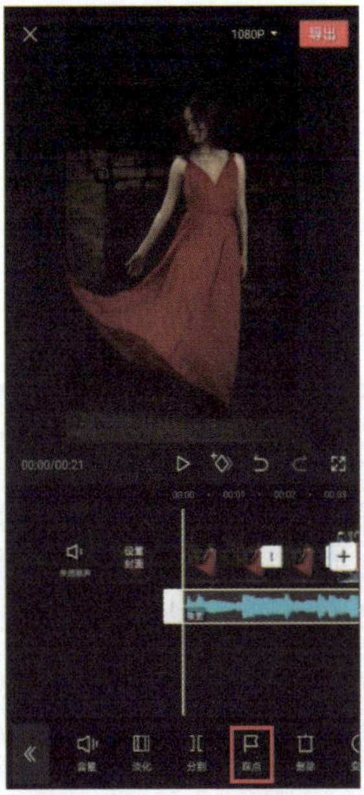

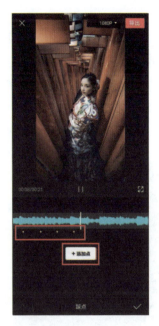
图 8-108

图 8-109

图 8-110

图 8-111

8.8.2 增加特效和音效实现"在拍照"的感觉

Step 01：点击界面下方的"特效"选项，选择"热门"分类下的"变清晰"，如图 8-112 所示。

Step 02：选中特效轨道，将其开头与视频轨道开头对齐，结尾与第 1 个节拍点对齐，如图 8-113 所示。

Step 03：再次选中特效轨道，并点击界面下方的"复制"选项，如图 8-114 所示。

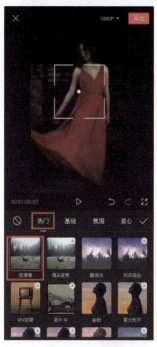

图 8-112　　　　　　　　　图 8-113　　　　　　　　　图 8-114

Step 04：调整复制的"变清晰"特效轨道的位置，如图 8-115 所示，即"变清晰"特效只覆盖每张图片素材的前半段轨道。因为后半段轨道是拍摄后的效果，并不需要所谓的"对焦"过程。

接下来采用相同的方法，将"变清晰"特效依次覆盖到每张图片素材的前半段轨道。

Step 05：依次点击界面下方的"音频""音效"选项，选择"机械"分类下的"拍照声 4"，如图 8-116 所示。

第8章 学会后期调色，制作具有电影质感的短视频

Step 06：由于音效轨道的前面一小段是没有声音的，所以不能简单地将音频轨道开头与节拍点对齐。而需要移动音效轨道的位置，并多次重复试听，直到音效声与图片转换的瞬间基本一致，如图 8-117 所示，然后记住节拍点对准音效轨道的大概位置，这样可以提高接下来确定音效位置的效率。

Step 07：选中该音效轨道并复制，然后移动复制的音效轨道至下一个"拍照"的瞬间。由于之前已经有过将音效与节拍点匹配的经验，所以接下来的匹配速度就会快很多，如图 8-118 所示。

按照此方法，在之后的每一个"拍照"瞬间所对应的节拍点处，增加"拍照声 4"音效。

图 8-115

图 8-116

图 8-117

图 8-118

8.8.3 增加贴纸、滤镜和动画让"拍照"前后出现反差

只有当"拍照"前后的画面出现明显变化，视频才有看点。接下来将"拍照"后的画面处理为类似时尚杂志封面的效果，从而与"拍照"前的普通画面形成反差，具体操作步骤如下。

Step 01：点击界面下方的"贴纸"选项，选择"边框"分类下的封面贴纸，如图 8-119 所示。

Step 02：调整封面贴纸的大小，使其与图片相匹配，然后将其轨道覆盖每张图片素材的后半段轨道，如图 8-120 所示。

图 8-119　　　　　　　　图 8-120

Step 03：为了让视频画面不显单调，建议选择不同的封面，并覆盖每张图片素材的后半段轨道。剩下 3 张照片所添加的封面贴纸如图 8-121 所示。

Step 04：伴随着"咔嚓"的拍照声，如果画面能有一些动画效果，就可以让

第8章 学会后期调色，制作具有电影质感的短视频

视频更精彩。选中第1张图片素材的后半段轨道，点击界面下方的"动画"选项，为其添加"入场动画"中的"轻微抖动"效果，如图8-122所示。

通过相同的方法，为接下来每张图片素材的后半段轨道均添加一个"入场动画"。

Step 05：如果只有图片有动画而封面贴纸没有动画，看起来有些不协调。所以选中封面贴纸轨道，点击界面下方的"动画"选项，为其添加"入场动画"中的"弹入"效果，如图8-123所示。按照相同的方法，为之后的每一个封面贴纸都添加一个动画。

图 8-121　　　　　图 8-122　　　　　图 8-123

Step 06：其实处理到这一步，该案例的效果就很不错了。但笔者发现添加的第2个封面贴纸本身具有滤镜效果，从而使"拍照"前后画面具有色彩变化。所以，接下来为其他图片素材的后半段轨道也添加一个滤镜。选中需要添加滤镜的片段，点击界面下方的"滤镜"选项，如图8-124所示。

Step 07：此处选择的是"胶片"分类下的"KC2"滤镜，如图8-125所示。至此，时尚杂志封面效果就制作完成了。

图 8-124　　　　　　图 8-125

实战拓展

本章免费为读者提供了电子版的案例实战"克莱因蓝调色"和"日系简约MV效果"作为知识补充,请扫描本书前言的"读者服务"下的二维码进行下载。

第9章
制作酷炫转场，让视频更具高级感

扫码学习案例实操视频

9.1 什么是转场

一个完整的视频，通常是由多个镜头组合而来的，而各镜头之间的衔接被称为转场。

合适的转场效果可以令各镜头之间的衔接更流畅、自然。同时，各转场效果也都有其独特的视觉语言，从而传达出不同的信息。另外，部分转场方式还能够形成特殊视觉效果，让视频更吸引人。

9.1.1 什么是技巧性转场

对于专业的视频制作而言，如何转场应该是在拍摄前就确定的。如果两个镜头间的转场需要通过前期的拍摄技术来实现，那么这就是技巧性转场。

1. 淡入淡出转场

淡入淡出转场即前一个镜头的画面由明转暗，直至黑场，后一个镜头的画面由暗转明，逐渐显示至正常亮度（见图9-1）。淡出与淡入过程的时长一般各为2s，但在实际编辑时，可以根据视频的"情绪"、节奏灵活掌握。部分影片中，淡出淡入转场之间还有一段黑场,可以表现出剧情告一段落,起到让观众陷入思考的作用。

图 9-1

2. 叠化转场

叠化转场是指将前后两个镜头在短时间内重叠,并且前一个镜头逐渐模糊到消失,后一个镜头逐渐清晰,直到完全显现(见图 9-2)。叠化转场主要用来表现时间的消逝、空间的转换,一般在表现梦境、回忆的镜头中使用。

值得一提的是,由于在叠化转场时,两个镜头会有几秒比较模糊的重叠,如果镜头质量不佳的话,可以用这段时间掩盖镜头缺陷。

图 9-2

3. 划像转场

划像转场也被称为扫换转场,可分为划出与划入,前一个镜头从某一方向退出屏幕称为划出,后一个镜头从某一方向进入屏幕称为划入(见图 9-3)。根据画面进、出屏幕的方向不同,可分为横划、竖划、对角线划等,通常在两个内容意义差别较大的镜头转场时使用。

图 9-3

9.1.2 什么是非技巧性转场

如果两个镜头间的转场仅仅依靠其内在或外在的联系，而不使用任何拍摄技术，则被称为非技巧性转场。

1. 利用相似性进行转场

当前后两个镜头具有相同或相似的主体形象，或者在运动方向、速度、色彩等方面具有一致性时，即可实现视觉连续、转场顺畅的目的（见图9-4）。

图 9-4

例如，前一个镜头是果农在果园里采摘苹果，后一个镜头是顾客在菜市场挑选苹果的特写，利用前后镜头都有苹果这一相似性内容，将两个不同场景下的镜头联系起来，从而实现自然、顺畅的转场。

2. 利用思维惯性进行转场

利用人们的思维惯性进行转场，往往可以造成联系上的错觉，使转场流畅而有趣（见图9-5）。

例如，前一个镜头，孩子在家里和父母说"我去上学了"，然后后一个镜头切换到学校大门，整个转场过程就会比较自然。原因在于观众听到"去上学"后，脑海中自然会呈现出学校的情景，所以此时进行转场就会比较顺畅。

图 9-5

3. 两级镜头转场

利用前后镜头在景别、动静变化等方面的巨大反差和对比,来形成明显的段落感,这种方法被称为两级镜头转场。

由于此种转场方式的段落感比较强,可以突出视频中的不同部分。例如,前一段落大景别结束,下一段落小景别开场,就有种类似写作中总分的效果,即大景别部分让各位对环境有一个大致的了解,然后在小景别部分开始细说其中的故事,让观众在观看视频时,有更清晰的思路,具体如图9-6所示。

图9-6

4. 声音转场

利用音乐、音响、解说词、对白等与画面相配合的转场方式被称为声音转场。声音转场方式主要有以下两种。

第一种是利用声音的延续性自然转换到下一段落。其中,主要方式是同一旋律、声音的提前进入,前后段落声音相似部分的叠化。利用声音的吸引作用,弱化了画面转换、段落变化时的视觉感。

第二种是利用声音的呼应关系实现转场。前后镜头通过两个连接紧密的声音进行衔接,并同时进行场景的转换,让观众有一种穿越时空的视觉感受。例如,前一个镜头,男孩儿在公园里问女孩儿"你愿意嫁给我吗",下一个镜头,女孩儿回答"我愿意",但此时场景已经转到了婚礼现场。

5. 空镜转场

只拍摄场景的镜头称为空镜头。这种转场方式通常在需要表现时间或者空间巨大变化时使用,从而起到过渡、缓冲的作用(见图9-7)。

除此之外,空镜头也可以实现借物抒情的效果。例如,前一个镜头是女主角在电话中向男主角提出分手,然后接一个空镜头,是雨滴落在地面上的景象,再接男主角在雨中接电话的场景。其中,"分手"带来的消极情绪与雨滴落在地面上是有情感上的内在联系的；而男主角站在雨中接电话，由于与空镜头中的"雨"有空间上的联系，从而实现了自然，并且富有情感的转场。

图 9-7

6. 主观镜头转场

主观镜头转场是指前一个镜头拍摄主体在观看的画面，下一个镜头接转主体观看的对象，这就是主观镜头转场（见图 9-8）。主观镜头转场是按照前、后镜头之间的逻辑关系来处理转场的手法，主观镜头转场既显得自然，又可以引起观众的探究心理。

图 9-8

7. 遮挡镜头转场

某物逐渐遮挡画面，直至完全遮挡，然后逐渐离开，显露画面的过程就是遮挡镜头转场（见图 9-9）。这种转场方式可以将过场戏省略掉，从而加快画面节奏。

其中，如果遮挡物距离镜头较近，阻挡了大量的光线，导致画面完全变黑，再由纯黑的画面逐渐转变为正常的场景，这种方法也叫作挡黑转场。而挡黑转场可以在视觉上给人以较强的冲击，同时制造视觉悬念。

图 9-9

9.2　如何使用剪映快速添加技巧性转场

上文提到技巧性转场需要在前期拍摄时就计划好转场方式，并在拍摄时进行一定处理。但在使用剪映进行后期制作时，可以直接添加技巧性转场效果，如"淡入淡出"、"叠化转场"及"运镜转场"等。

Step 01：将多段视频导入剪映后，点击每段视频之间的 Ⅰ 图标，即可进入转场编辑界面，如图9-10所示。

Step 02：由于第1段视频的运镜方式为推镜，为了让衔接更自然，所以选择一个具有相同方向的"推近"转场效果。

Step 03：通过界面下方的滑动条，可以设定转场的时长，并且每次更改设定时，转场效果都会自动在预览区显示。

Step 04：转场效果和时长都设定完成后，点击右下角的"√"即可。若点击左下角的"应用到全部"，即可将该转场效果应用到所有视频的衔接部分，如图9-11所示。

Step 05：由于第2段视频为向左移镜（景物向右移动）拍摄的，所以为了让转场效果看起来更自然，此处选择"向右"这种运镜转场方式。点击"运镜转场"选项，然后选择"向右"，并适当调整转场时长，如图9-12所示。

图9-10

图9-11

图9-12

> 提示：在添加转场效果时，要注意转场效果与视频风格是否相符。对于一些运镜拍摄的视频，可以根据运镜方向添加"运镜转场"效果；对于节奏偏慢，文艺感较强的视频，则可以考虑添加"基础转场"分类下的转场效果。一旦转场效果与视频风格不符，就会给观众带来一种画面分裂、不连贯的视觉感受。

9.3 如何使用专业版剪映添加技巧性转场

专业版剪映与手机版剪映相比有一个很大的不同点，在手机版剪映中，视频素材间的 | 图标在专业版剪映中消失了。那么在专业版剪映中，该如何添加转场效果呢？下面为各位解决这个问题。

Step 01：移动时间轴至需要添加转场效果的位置附近，如图9-13所示。

Step 02：单击界面上方的"转场"按钮，并从左侧列表中选择转场类别，再从素材区中选择合适的转场效果，如图9-14所示。

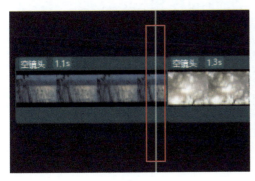

图 9-13

图 9-14

Step 03：单击转场效果右下角的 图标，即可在距离时间轴最近的片段衔接处添加转场效果。

Step 04：选中片段间的转场效果，拖动左右两边白框即可调整转场时长，如图9-15所示。或者也可以选中转场效果后，在细节调整区设定转场时长，如图9-16所示。

Step 05：需要注意的是，当选中视频轨道时，转场在轨道上会暂时消失，但这只是为了便于各位调节视频位置和时长，所添加的转场效果依然存在，如图9-17所示。

图 9-15　　　　　　　图 9-16　　　　　　　图 9-17

> **提示：** 由于转场效果会让两个视频片段在衔接处的画面出现一定的过渡效果，因此在制作音乐卡点视频时，为了让卡点的效果更明显，往往需要将转场效果轨道的起始端对准音乐节拍点。

9.4 制作特殊转场效果需要使用哪些功能

9.4.1 "画中画"与"蒙版"功能的作用

"画中画"功能可以让一个视频画面中出现多个不同的画面，这是该功能最直接的作用。另外，利用"画中画"功能，可以形成多条视频轨道。利用多条视频轨道，再结合"蒙版"功能，就可以控制画面局部的显示效果。

"画中画"与"蒙版"功能往往是同时使用的，而通过"画中画"与"蒙版"功能联合使用所形成的画面局部显示效果，也是制作特殊转场效果时经常用到的。

9.4.2 "画中画"功能的使用方法

Step 01：添加一个"黑场"素材，如图 9-18 所示。

Step 02：将画面比例设置为"9∶16"，并让"黑场"铺满整个预览区，然后点击界面下方的"画中画"选项（此时不要选中任何视频片段），继续点击"新增画中画"，如图 9-19 所示。

Step 03：选中要添加的素材后，即可调整"画中画"在画面中的显示位置、大小，并且界面下方也会出现"画中画"轨道，如图 9-20 所示。

第9章 制作酷炫转场，让视频更具高级感

Step 04：不选中"画中画"轨道时，可再次点击界面下方的"新增画中画"选项，添加素材。结合"编辑"工具，可以对该画面进行排版，如图9-21所示。

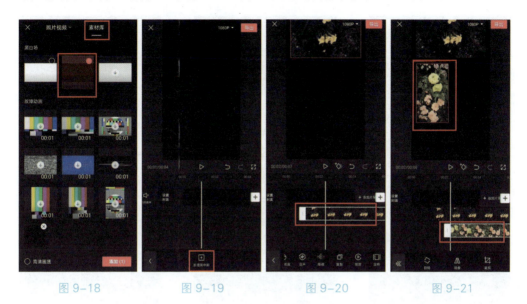

图9-18　　　　　图9-19　　　　　图9-20　　　　　图9-21

9.4.3　利用"画中画"与"蒙版"功能控制画面显示

当"画中画"轨道中的每一个画面均不重叠的时候，所有画面都能完整显示，而一旦出现重叠，有些画面就会被遮挡。用户利用"蒙版"功能，则可以选择哪些区域被遮挡，哪些区域不被遮挡。

Step 01：同样是上一小节中的素材，如果将两段视频均铺满整个预览区，就会产生遮挡，其中一段视频的画面会无法显示，如图9-22所示。

Step 02：剪映中有"层级"的概念，其中主视频轨道为0级，每多一条"画中画"轨道就会多一个层级。在当前案例中，有两条"画中画"轨道，所以分别为"1级"和"2级"。它们之间的覆盖关系是——层级数值大的轨道的画面覆盖层级数值小的轨道的画面，即"1级"的画面覆盖"0级"的画面，"2级"的画面覆盖"1级"的画面。选中一条"画中画"轨道，点击界面下方的"层级"选项，即可设置该轨道的层级，如图9-23所示。

Step 03：剪映默认处于下方的视频轨道的画面会覆盖处于上方的视频轨道的画面。但由于轨道可以设置层级，所以如果选中位于中间的"画中画"轨道，并将

其层级从"1 级"改为"2 级"（针对此案例），那么中间视频轨道的画面则会覆盖主视频轨道与最下方视频轨道的画面，如图 9-24 所示。

图 9-22

图 9-23

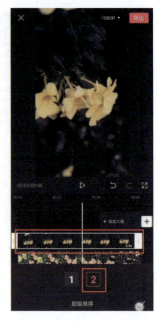

图 9-24

图 9-25

Step 04：为了让各位更容易理解"蒙版"的作用，先将"层级"恢复为默认状态，即最下方的视频轨道层级最高。选中最下方的"画中画"轨道，并点击界面下方的"蒙版"选项，如图 9-25 所示。

Step 05：选中一种"蒙版"样式，所选视频轨道画面将会出现部分显现的情况，而其余部分则会显示原本被覆盖的画面，如图 9-26 所示。通过这种方式，就可以有选择性地调整画面显示的内容。

Step 06：若希望将主视频轨道的其中一段视频素材切换到"画中画"轨道，可以在选中该段素材轨道后，点击界面下方的"切画中画"选项。但有时该选项是灰色的，无法选择，如图 9-27 所示。

Step 07：此时不要选中任何素材轨道，点击"画中画"选项，在显示如图 9-28 所示界面时，选中希望"切画中画"

的素材轨道，就可以点击"切画中画"选项了。

图 9-26

图 9-27

图 9-28

9.4.4 如何在视频中抠出人物

通过"智能抠像"功能可以快速将人物从画面中抠出来，从而进行替换人物背景等操作。通过"色度抠图"功能则可以将绿幕或者蓝幕下的景物快速抠取出来，方便进行视频图像的合成。

1."智能抠像"功能的操作步骤

Step 01："智能抠像"功能的操作非常简单，只需要选中画面中有人物的视频轨道，然后点击界面下方的"智能抠像"功能。但为了让各位能够看到抠图的效果，所以此处先定格一个有人物的画面，如图 9-29 所示。

Step 02：将定格后的画面切换到"画中画"轨道，如图 9-30 所示。

Step 03：选中"画中画"轨道，点击界面下方的"智能抠像"选项，此时即可看到被抠出的人物，如图 9-31 所示。

图 9-29　　　　　　　　图 9-30　　　　　　　　图 9-31

> 提示："智能抠像"功能并非总能像案例中展示的那样,能近乎完美地抠出画面中的人物。如果希望提高"智能抠像"功能的准确度,建议选择人物与背景的明暗或者色彩具有明显差异的画面,从而令人物的轮廓清晰、完整,不受过多的干扰。

2. "色度抠图"功能的操作步骤

Step 01：导入一张图片素材,调节比例至"9:16",并让该图片铺满整个预览区,如图 9-32 所示。

Step 02：将绿幕素材添加至"画中画"轨道,同样使其铺满整个预览区,并点击界面下方的"色度抠图"选项,如图 9-33 所示。

Step 03：将"取色器"中间的很小的"白框"移动到绿色区域,如图 9-34 所示。

Step 04：选择"强度"选项,并向右拉动滑动条,即可将绿色区域抠掉,如图 9-35 所示。

Step 05：某些绿幕素材,即便将"强度"滑动条拉到最右侧,可能依旧无法将绿色区域完全抠掉。此时,各位可以先小幅度提高"强度"数值,如图 9-36 所示。

Step 06：将绿幕素材放大,再次选择"色度抠图"选项,将"取色器"移动到残留的绿色区域,直到可以最大限度地抠掉绿色区域,如图 9-37 所示。

第9章 制作酷炫转场,让视频更具高级感

图 9-32

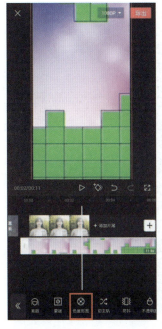

图 9-33

图 9-34

图 9-35

图 9-36

图 9-37

245

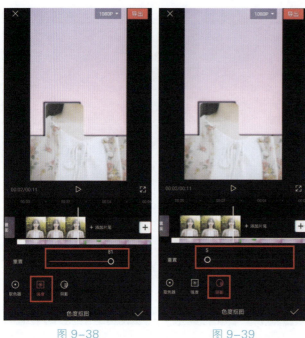

Step 07：再次点击"强度"选项，并向右拉动滑动条，就可以更好地抠掉绿色区域，如图 9-38 所示。

Step 08：点击"阴影"选项，适当提高该数值，可以让抠图的边缘更平滑，如图 9-39 所示。

图 9-38　　　　图 9-39

9.4.5　"智能抠像"和"色度抠图"功能在专业版剪映中的位置

选中一段视频轨道后，在细节设置区（界面右上角）中选择"画面"选项，单击"抠像"按钮，即可找到"智能抠像"和"色度抠图"功能，如图 9-40 所示。

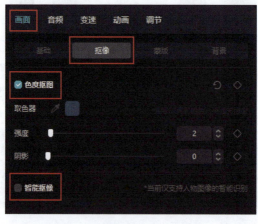

图 9-40

第9章 制作酷炫转场，让视频更具高级感

9.5 案例实战1："拍照片"式转场

一些特殊的转场效果是无法在剪映中"一键"添加的，需要通过后期制作才能实现，如"拍照片"式转场。这类需要自己制作的转场效果往往可以让视频与众不同，从而在抖音或者快手平台的海量内容中脱颖而出。该案例将使用"关键帧"、"自动踩点"、"定格"及"特效"等功能。

9.5.1 添加转场所需的节拍点

在该案例中，为了让画面变化的节奏符合观众的心理预期，所以需要使转场的时间点与背景音乐的节拍点相匹配，具体操作步骤如下。

Step 01：导入素材至剪映后，点击界面下方的"音频"选项，如图9-41所示。

Step 02：继续点击界面下方的"音乐"选项，选择"舒缓"分类下《城南花已开》作为背景音乐，如图9-42所示。

Step 03：选中音频轨道，移动时间轴至音乐开头无声音部分的末端，点击界面下方的"分割"选项，将该部分删除，如图9-43所示，从而让视频一开始就有音乐出现。

图 9-41

图 9-42

图 9-43

Step 04：选中音频轨道，点击界面下方的"踩点"选项，如图9-44所示。

Step 05：开启界面左下角的"自动踩点"功能，并选择"踩节拍Ⅰ"，如图9-45所示。之所以选择"踩节拍Ⅰ"，是因为该转场效果适合制作节奏比较舒缓的视频，适合该案例使用。

Step 06：将导入的视频素材稍微放大，使其铺满整个预览区，如图9-46所示。

图9-44

图9-45

图9-46

9.5.2 制作"拍照片"效果

确定转场的节拍点后，即可开始创作"拍照片"效果，具体操作步骤如下。

Step 01：将时间轴移动至第1个节拍点处，并选中该视频片段轨道，点击界面下方的"定格"选项，如图9-47所示。该定格画面即为"拍照片"效果中的那一张"照片"。

Step 02：选中定格画面轨道，将其切换为"画中画"轨道。但此时"切画中画"选项是灰色的，无法使用。所以，需要在不选中任何视频轨道的情况下，点击界面下方的"画中画"选项，如图9-48所示。

Step 03：此时界面下方会出现"新增画中画"选项，在该界面选中要"切画中画"

第9章 制作酷炫转场,让视频更具高级感

的视频片段,即可发现界面下方该选项可以正常使用了,如图9-49所示。

图9-47

图9-48

图9-49

Step 04:选中定格画面之后的视频片段轨道,将其删除,如图9-50所示。之所以将其删除,是因为在"拍照片"效果后,就要衔接下一个视频片段。

Step 05:在不选中任何视频轨道的情况下,点击界面下方的"特效"选项,如图9-51所示,为定格画面添加"相框"。

Step 06:选择"边框"分类下的"纸质边框Ⅱ",如图9-52所示。

图9-50

图9-51

图9-52

Step 07：将特效轨道左侧与第1个节拍点对齐，然后选中该特效轨道，点击界面下方的"作用对象"选项，如图9-53所示。

Step 08：点击"画中画"选项，此时画面即出现"相框"，如图9-54所示。

Step 09：将时间轴移动至定格画面轨道的开头，点击◇图标，添加关键帧，如图9-55所示。

> **提示**：读者在实操中会发现，很难将时间轴准确移动到某条轨道的开头或结尾。这里提供一个小技巧，当需要将时间轴移动到开头时，先将其移动到这条轨道左侧的位置，再点击该轨道，时间轴会自动移动至开头；同理，将时间轴先移动到这条轨道右侧的位置，再点击该轨道，时间轴会自动移动至结尾，从而实现精确定位。

Step 10：将时间轴移动至距定格画面起始点10帧左右的位置，缩小画面，并适当调整角度，此时剪映会自动在时间轴所在位置自动添加第2个关键帧，如图9-56所示。这样，就实现了"拍照片"的效果。

图 9-53

图 9-54

图 9-55

Step 11：选中定格画面轨道，拖动右侧白框，将时长控制在1s左右，如图9-57所示。同时将"纸质边框Ⅱ"特效轨道的结尾与定格画面轨道结尾对齐，如图9-58所示。

第9章 制作酷炫转场，让视频更具高级感

在调整特效时长时，"画中画"轨道中的定格画面是以一条细红线表示的。当特效轨道结尾移动到"画中画"轨道结尾时，会有吸附效果，所以可以轻松精确定位。

Step 12：继续选中"画中画"轨道中的定格画面，点击界面下方的"动画"选项，并为其添加"出场动画"分类下的"向下滑动"效果，动画时长设置为"0.3s"，如图 9-59 所示。

图 9-57

图 9-56

图 9-58

图 9-59

Step 13：至此，"拍照片"效果就制作完成了，接下来重复以上操作，在每一个视频片段的转场处（节拍点所在位置）均制作该效果。

9.5.3 利用音效和转场强化"拍照片"效果

为"拍照片"转场增加音效和类似闪光灯的效果，从而令画面更精彩，具体操作步骤如下。

Step 01：依次点击界面下方的"音频""音效"选项，如图 9-60 所示。

Step 02：选择"机械"分类下的"拍照声 6"，如图 9-61 所示。

Step 03：由于音效并不会在起始位置就立刻发出声音，所以需要通过试听，使已经做好的"拍照片"效果与"拍照声6"相匹配。该案例中，当节拍点位于音效轨道中间偏左的位置时，其匹配效果较好，如图9-62所示。

图 9-60　　　　　　　　图 9-61　　　　　　　　图 9-62

Step 04：选中音效轨道，点击界面下方的"复制"选项，并调整复制的音效轨道的位置，重复该操作，让每一个节拍点处都有一个"拍照声6"音效，如图9-63所示。

Step 05：点击两段视频间的 |↓| 图标，进行转场效果的设置，如图9-64所示。

Step 06：选择"基础转场"分类下的"闪白"效果，并将转场时长设置为"0.5s"，然后点击左下角的"应用到全部"，如图9-65所示，最后将视频轨道和音频轨道结尾对齐，即完成该效果的制作。

第9章 制作酷炫转场，让视频更具高级感

图 9-63

图 9-64

图 9-65

9.6 案例实战2：遮盖转场

所谓遮盖转场，就是当景物横穿一个画面时，利用该景物遮盖住画面的瞬间，来实现转场。这种转场效果可以让两个画面自然衔接，通过"画中画"、"蒙版"和"关键帧"等功能即可实现。

9.6.1 编辑转场所用素材

遮盖转场需要的素材中必须有横穿整个画面的景物出现，有时需要进行简单的编辑，具体操作步骤如下。

Step 01：导入转场之后出现的素材至剪映，如图 9-66 所示。

Step 02：依次点击界面下方的"画中画""新增画中画"选项，导入转场之前的，即有景物横穿画面的素材至剪映，如图 9-67 所示。

Step 03：将"画中画"轨道素材画面铺满整个预览区。此时会发现，骑自行车的人的上方依然有空隙，如图 9-68 所示。这会导致遮盖转场效果不佳，所以需要进一步进行编辑。

Step 04：选中"画中画"轨道，点击界面下方的"编辑"选项，如图 9-69 所示。

图 9-66

图 9-67

图 9-68

图 9-69

图 9-70

图 9-71

Step 05：对该视频素材进行裁剪，裁掉多余的顶部空间，如图 9-70 所示。

Step 06：重新将"画中画"轨道素材画面铺满整个预览区，如图 9-71 所示。

9.6.2 调整画面色调

为了让两个画面间的衔接更自然，对画面色调进行调整，具体操作步骤如下。

Step 01：选中主视频轨道，点击界面下方的"滤镜"选项，如图 9-72 所示。

Step 02：选择"风景"分类下的"橘光"滤镜，点击"√"，如图 9-73 所示。

Step 03：保持主视频轨道为选中状态，点击"调节"选项，选择"色温"，将其数值设置为"17"，从而使主视频轨道素材的画面色调接近"画中画"轨道素材的画面色调，如图 9-74 所示。

图 9-72

图 9-73

图 9-74

Step 04：选中"画中画"轨道，点击"滤镜"选项，同样为其添加"风景"分类下的"橘光"滤镜，如图 9-75 所示。

Step 05：保持"画中画"轨道为选中状态，点击"调节"选项，将"饱和度"设置为"-19"，如图 9-76 所示。

Step 06：将"色温"设置为"-18"，从而减少一点暖调，以更接近调整后的主视频轨道素材的画面色调，如图 9-77 所示。

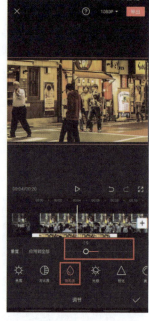

图 9-75　　　　　　图 9-76　　　　　　图 9-77

9.6.3　制作遮盖转场效果

准备工作做好后，即可开始创作遮盖转场效果，具体操作步骤如下。

Step 01：选中"画中画"轨道，将时间轴移动至作为遮挡物的人完全离开画面的时间点，点击"分割"选项后，选择后半段轨道，点击"删除"选项，如图 9-78 所示。

Step 02：移动时间轴至遮挡的人物出现在画面中，并且后背刚好没有任何空间的时间点，点击"蒙版"选项，如图 9-79 所示。

Step 03：由于人物的后背是弧线形的，所以选择"圆形"蒙版，并放大至覆盖整个预览区，如图 9-80 所示。

Step 04：保持时间轴不动，点击◇图标，添加关键帧，如图 9-81 所示。

Step 05：将时间轴略微向后移动，当人物后背出现

图 9-78

第9章 制作酷炫转场，让视频更具高级感

一定空间后，再次点击"蒙版"选项，选择"圆形"蒙版，并让蒙版线尽量与人物后背贴合。由于人物脖子后面的区域无论如何也无法很好地贴合，故拖动 图标，适当增强羽化效果，如图9-82所示。

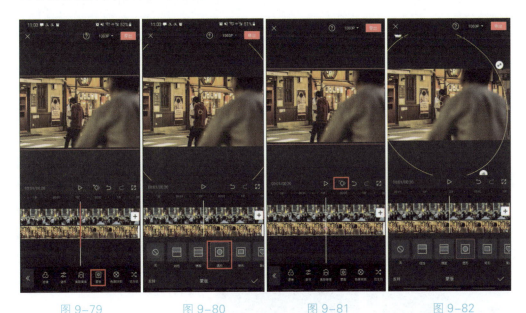

图9-79　　　　图9-80　　　　图9-81　　　　图9-82

Step 06：接下来就是重复操作了，继续向右移动时间轴，当背部空间进一步变大后，再次点击"蒙版"选项，选择"圆形"蒙版，并调整蒙版线与人物后背贴合。调整蒙版的次数越多，每次移动时间轴的距离越短，最终呈现的遮盖转场效果就越好，如图9-83所示。

Step 07：当遮挡的人物完全离开画面时，由于蒙版的作用，此时显示的就是转场后的画面了，并且会在"画中画"轨道上留下很多关键帧，如图9-84所示。至此遮盖转场效果就完成了。

图9-83　　　　图9-84

9.7 案例实战3：抠图转场

抠图转场效果也是无法在剪映中一键添加的，需要通过后期制作才能实现。该转场的特点在于视觉冲击力比较强，而且即便是两个完全没有关联的画面也可以通过该转场很顺畅地衔接起来。该案例将使用到"画中画"、"自动踩点"、"动画"和"特效"等功能。

9.7.1 准备抠图转场所需素材

图9-85

图9-86

在抠图转场中，每一次转场都是以下一个视频素材第一帧的局部抠图画面作为开始的，继而过渡到下一个场景，实现转场的目的。所以，在制作抠图转场效果之前，除要准备好多个视频素材，还要准备好其第一帧的抠图画面，具体操作步骤如下。

Step 01：在手机中打开准备好的视频素材，并将播放进度条拉动到最左侧，然后截图，如图9-85所示。

Step 02：将截下的图片在Photoshop中打开，使用"快速选择工具"，将图片中的部分区域抠出，如图9-86所示。

Step 03：将抠出的图片保存为PNG格式，从而保留透明区域，得到如图9-87所示的画面。

Step 04：将其余的视频素材均按以上步骤进行操作。需要注意的是，第1个出现的视频素材不需要进行此操作。因为第1个视频素材不需要从其他画面转场。

图9-87

第9章 制作酷炫转场，让视频更具高级感

> 提示：由于抠图转场重点在于营造一种平面感，所以抠图不需要非常精细。另外，选择一些轮廓分明的视频画面进行抠图会得到更好的效果，并且抠图速度也更快。

9.7.2 实现抠图转场基本效果

准备好素材之后，就可以进入剪映，进行抠图转场效果的制作了，具体操作步骤如下。

Step 01：将准备好的视频素材导入剪映，并点击界面下方的"画中画"选项，如图9-88所示。

Step 02：点击"新增画中画"选项，将之前抠好的下一个视频素材的第1帧局部图片导入剪映，如图9-89所示。虽然此时图片的背景显示为黑色的，但添加至剪映中后，就是透明背景了。

Step 03：选中导入的抠图素材轨道，并将时间轴移动到转场后的视频片段开头，然后调整抠图素材的位置和大小，使其与画面完全重合，如图9-90所示。

图9-88

图9-89

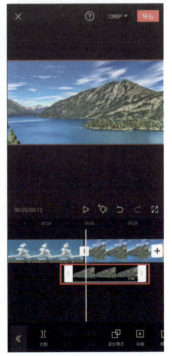
图9-90

Step 04：缩短抠图素材时长至 0.5s 左右，时长会在其右下角显示，如图 9-91 所示。

Step 05：移动抠图素材轨道，将抠图素材轨道的结尾与两个视频片段衔接处对齐，如图 9-92 所示。

Step 06：将其余需要制作转场效果的 3 个视频素材添加至剪映后，按照相同方法制作抠图转场效果，如图 9-93 所示。

> **提示**：将抠图素材控制在 0.5s 并不是一固定值。之所以建议各位将其调整为 0.5s，是因为经过笔者反复尝试后，发现 0.5s 的时间既可以让观众意识到图片的出现，又不至于被与当前画面毫不相干的景物所干扰。当然，各位也可以根据自己的需求对该时长进行调整。

图 9-91

图 9-92

图 9-93

9.7.3 加入音乐实现卡点抠图转场

为了让转场的节奏感更强，选择合适的背景音乐，并在音乐节拍处进行抠图转场，具体操作步骤如下。

第9章 制作酷炫转场，让视频更具高级感

Step 01：依次点击界面下方的"音频""音乐"选项，选择"我的收藏"，并使用《Man on a Mission》这首音乐，如图 9-94 所示。各位也可以直接搜索歌名来添加该背景音乐。

Step 02：选中音频轨道后，点击界面下方的"踩点"选项，如图 9-95 所示。

Step 03：开启"自动踩点"功能，并选择"踩节拍Ⅰ"，如图 9-96 所示。之所以选择"踩节拍Ⅰ"是因为其节拍点比较稀疏，适合节奏稍慢的视频使用。

图 9-94　　　　　　　图 9-95　　　　　　　图 9-96

Step 04：点击图 9-97 红框内的图标，查看"画中画"轨道。

Step 05：选中"画中画"轨道中的第 1 个抠图素材，将其轨道开头与第 1 个节拍点对齐，轨道结尾再与转场前的视频素材轨道结尾对齐，如图 9-98 所示。这样就实现了在节拍点处进行抠图转场的效果。

Step 06：之后的 3 个视频素材的抠图转场均按照上述方法进行处理，即可实现每次转场均在节拍点上，即所谓的卡点抠图效果，如图 9-99 所示。

提示：在将视频素材轨道与抠图素材轨道结尾对齐时，由于没有吸附效果，所以几乎不可能完全对齐。此时切记，视频素材的轨道长度比抠图素材的轨道长度"宁短勿长"，即要确保在每个视频素材轨道衔接的时间点，均会出现抠图素材。只有这样，才能实现抠图转场效果。

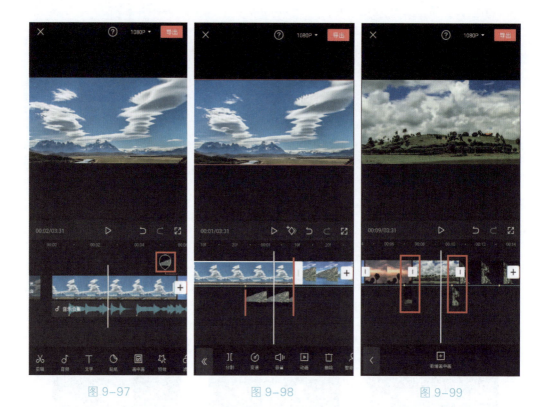

图 9-97　　　　　　　图 9-98　　　　　　　图 9-99

9.7.4　加入动画和特效让转场更震撼

此时的抠图转场效果依旧比较平淡,所以需要加入动画和特效来强化其视觉效果。

Step 01:选中"画中画"轨道中的抠图素材,并点击界面下方的"动画"选项,如图 9-100 所示。

Step 02:点击界面下方的"入场动画"选项,选择"向下甩入"效果,如图 9-101 所示。各位也可以选择自己喜欢的效果进行添加。但为了更好地表现出抠图转场效果的优势,建议选择甩入类的动画,使其具有更强的视觉冲击力。

Step 03:按照上述方法,给每一个抠图素材都添加一个"入场动画"效果。

Step 04:点击界面下方的"特效"选项,并选择"漫画"分类下的"冲刺"效果,如图 9-102 所示。然后将该效果轨道的首尾与抠图素材轨道首尾对齐,如图 9-103 所示。同样,以相同的方法,在每个抠图素材登场时都添加一个特效。至此,抠图转场效果就完成了。

第9章 制作酷炫转场，让视频更具高级感

图 9-100

图 9-101

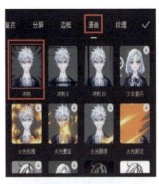

图 9-102

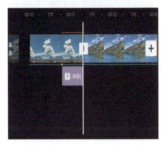

图 9-103

9.8 案例实战4：日记本翻页转场

该案例主要是利用背景样式及转场来制作日记本翻页转场的效果，非常适合用来展示外出游玩所拍摄的多张照片，并且充满了文艺气息。

9.8.1 制作日记本风格的画面

先来制作日记本风格的画面，具体操作步骤如下。

Step 01：将准备好的图片素材导入剪映，并将每一张图片素材的时长调整为2.7s，如图 9-104 所示。

Step 02：点击界面下方的"比例"选项，并设置为"9 : 16"，如图 9-105 所示。该比例的视频更适合在抖音或快手平台进行播放。

Step 03：点击界面下方的"背景"选项，选择"画布样式"，如图 9-106 所示。

263

图 9-104

图 9-105

图 9-106

图 9-107　　　　图 9-108

Step 04：在"画布样式"中找到如图 9-107 所示有很多格子的背景，使用并点击"应用到全部"。

Step 05：选中第 1 张图片素材的轨道，然后适当缩小图片，使其周围出现格子背景，并适当向右侧移动，从而为文字留出一定空间。当四周均出现格子的时候，就有一种将照片贴在日记本上的感觉，如图 9-108 所示。

Step 06：接下来将其他图片素材都缩小至与第 1 张相同的大小，并放置在相同的位置上，如图 9-109 所示。

> 提示：如何让每一张图片素材的大小和位置都基本相同呢？对于这个案例而言，先缩小图片素材，然后记住左右各空出了多少个格子，再向右移动图片素材，记住与右侧边缘间隔多少个格子。这样，每张图片素材都严格按照先缩小，再向右

第9章 制作酷炫转场，让视频更具高级感

> 移动的步骤，并且缩小后空出的格子和移动后与右边间隔的格子都保证一样，就可以实现位置和大小基本相同了。当然，前提是导入的图片素材比例是一样的。

Step 07：依次点击界面下方的"文字""新建文本"选项，输入每张图片素材的拍摄地，并将字体设置为"新青年体"，然后点击界面下方的"排列"选项，继续点击 图标，将文字竖排，如图9-110所示。

Step 08：点击"颜色"选项，将字体颜色设置为"灰色"，如图9-111所示，否则白色字体与背景颜色难以分辨。

Step 09：将文字安排在图片素材左侧居中的位置，文本轨道与对应的图片素材轨道首尾对齐，如图9-112所示。

Step 10：复制制作好的文字，根据拍摄地点更改文字后，将其轨道与对应的图片素材轨道对齐，如图9-113所示。

图9-109　　　　图9-110

图9-111　　　　图9-112　　　　图9-113

9.8.2 制作日记本翻页效果

添加转场实现日记本翻页效果,具体操作步骤如下。

Step 01:点击图片素材轨道之间的 图标,如图 9-114 所示,选择"幻灯片"分类下的"翻页"转场效果,将轨道时长设置为"0.7s",并点击"应用到全部",如图 9-115 所示。

Step 02:添加转场效果后,文本轨道与图片素材轨道就不是首尾对齐的状态了,所以需要适当拉长图片素材轨道,使转场刚开始的位置(有黑色斜线表明转场的开始与结束),与对应的文本轨道的结尾对齐,如图 9-116 所示。

图 9-114

图 9-115

图 9-116

图 9-117

图 9-118

Step 03:按照此方法,将之后的每一张图片素材轨道均适当拉长,并与对应的文本轨道结尾对齐,如图 9-117 所示。

Step 04:选中对应第 2 张图片素材的文本轨道,点击界面下方的"动画"选项,如图 9-118 所示。

Step 05:选择"入场动画"中的"向左擦除",并将时长设置为"0.7s",如图 9-119 所示。为文字添加动画是为了让其更接近翻页时,文字逐渐显现的效果。

需要注意的是,第 1 张图片素

材对应的文本轨道不用添加动画,因为其是直接显示在画面中的,而不是翻页后才显示的。

9.8.3 制作好看的画面背景

下面为日记本添加一些好看的画面背景,即封面,让画面更精彩,具体操作步骤如下。

Step 01:依次点击界面下方的"画中画""新增画中画"选项,选中准备好的图片,并添加,然后适当放大该图片,使其铺满整个预览区,如图9-120所示。

Step 02:点击界面下方的"编辑"选项,再点击"裁剪"选项,如图9-121所示。

Step 03:裁剪下图片中需要的部分,并将其移动到上方作为背景,如图9-122所示。

Step 04:重复以上3步,为下方也添加背景,并且让这两个"画中画"轨道覆盖整个视频,如图9-123所示。

图9-119

图9-120

图9-121

图9-122

Step 05：依次点击界面下方的"文字""新建文本"选项，在画面中添加"旅行日记"标题，让该轨道覆盖整个视频，如图9-124所示。

Step 06：点击界面下方的"贴纸"选项，添加图标分类下的动态小熊贴纸，并让其轨道覆盖整个视频，如图9-125所示。

Step 07：添加一首自己喜欢的背景音乐，即完成日记本翻页效果的制作。

图 9-123

图 9-124

图 9-125

实战拓展

本章免费为读者提供了电子版的案例实战"冲击波扩散转场""水墨古韵转场""伸手/挥手式转场"作为知识补充，请扫描本书前言的"读者服务"下的二维码进行下载。

第10章 创意变身效果，营造强烈视觉冲击力

扫码学习案例实操视频

10.1 变身效果为什么这么火

要说哪一种玩法在抖音最火，变身肯定是其中之一。而且难能可贵的是，变身这种玩法从抖音发展初期一直火到了今天。原因在于，变身玩法不但对制作变身视频有利，还可以给其他类型视频的创作带来启发。

10.1.1 不需要铺垫的精彩

变身视频的精彩之处就是变身的那个瞬间，变身前后各有3s时间就足够了。所以，变身视频不需要太长时间的铺垫，在短短几秒的时间内，就能给观众带来很强的满足感。这一特点与短视频平台的匹配度很高。

10.1.2 强烈的视觉冲击力

变身前后的反差具有强烈的视觉冲击力。这种感官上的刺激往往让观众欲罢不能，再加上视频的时长又很短，所以往往会有看第二次、第三次的情况发生，在大大提高复播率的同时，让视频更容易获得高流量。

10.1.3 利用观众的好奇心

一些专门做变身视频的账号，粉丝黏性普遍比较高，因为在其变身视频的质量普遍不低的情况下，其每出一个新视频，观众都会好奇会变身成什么样子。这种好奇心会促使粉丝第一时间点开视频观看。

而对于不是其粉丝的观众而言，在刷到一个变身视频后，即便没有关注，只要对其有一定印象，那么当第二次看到该作者的视频时，也会因好奇心想着看一看会变成什么样。而就在这个想法飘过的时候，往往变身就已经完成了。这也是变身视频容易出爆款的原因之一。

10.1.4 玩法多样不重复

如果变身视频都照着一种方式去做，那么早就引起人们的视觉疲劳而不会像现在这么火爆了。而其会持续火爆的原因就在于玩法一直在变，效果多样化，如甩头变身、敬礼变身、俄罗斯方块换装、奥特曼变身等玩法。

虽然效果多样，但万变不离其宗，说到底，还是通过反差来满足观众的视觉欲望。

10.1.5 剪映中有很多适合变身玩法的效果

剪映中的"抖音玩法"选项中不断更新各种效果，其中大多数效果都非常适合做变身视频，如"漫画玩法"，当这个功能刚上线时，不少视频都靠这种玩法成了爆款。而在那之后，一有新的玩法出现，就会在抖音上掀起一股浪潮。

10.2 制作变身效果的关键是什么

制作变身效果的关键主要在于选择合适的特效、音乐、素材并熟练掌握美颜功能。

10.2.1 如何选择适合变身视频的特效

Step 01：打开剪映，点击界面下方的"特效"选项，如图 10-1 所示。

第10章 创意变身效果，营造强烈视觉冲击力

Step 02：寻找适合变身前的特效。这时的特效可以选择一些可爱风格的，或者是"基础"分类下节奏较慢的效果，如"变清晰"，如图10-2所示。切记不能选择那些节奏很快的特效，因为这样不利于与变身后形成反差。

Step 03：选择变身后的特效。读者可能会问，不在变身的瞬间加一个特效吗？这里建议在变身的瞬间不添加任何特效。因为变身视频的关键就在于让观众将所有的注意力都放在变身前后的反差上。而在变身过程中加一个有爆发力的特效，会分散观众的注意力，导致先看见特效，再看到变身后的画面，那么变身的瞬间性就被抹掉了，使视觉冲击力大打折扣。

所以，只需要选择一个变身后用来营造氛围的特效就可以了。这个特效不要让人眼花缭乱，主要是为了营造氛围。推荐从"氛围"中进行选择，如"星火Ⅱ"，如图10-3所示。

图10-1　　　　　　图10-2　　　　　　图10-3

10.2.2 如何选择适合变身视频的音乐

1. 在"卡点"分类下选择

与特效相比,变身视频的音乐更重要一些。因为哪怕没有特效,只要变身视频质量过硬,依旧能有很好的效果。但是,如果音乐不合适,会让观众找不到变身的节奏,使视频看起来不连贯。

Step 01:进入剪映的音乐选择界面后,选择"卡点"分类,如图10-4所示。

Step 02:选择在音乐开始阶段有明显旋律转折的音乐。这里特别强调一下,是有旋律转折的音乐,而不是节拍点鲜明的音乐。

因为很多节拍点鲜明的音乐,其节奏是没有太大变化的,这不利于突出变身视频的反差。而具有旋律转折的音乐,则可以让观众在听觉上受到一定的刺激。而图10-5中的音乐《Hennesy(剪辑版)》就具有旋律转折,那么将变身瞬间安排在该处是最合适的。

图10-4

图10-5

图10-6

2. 搜索"变身"音乐

Step 01:进入音乐选择界面后,点击界面上方的搜索栏。

Step 02:搜索"变身"后,即可看到与其相关的音乐,如图10-6所示。需要强调的是,并不是所有搜到的音乐都适合制作变身视频,仍然需要通过试听来选择。但相比在"卡点"音乐中寻找,效率会更高一些。

第10章 创意变身效果，营造强烈视觉冲击力

3. 用其他变身视频的音乐

Step 01：打开抖音，搜索"变身视频"或者"变身音乐bgm"等，然后点击上方的"视频"选项，即可找到很多变身视频，如图10-7所示。

Step 02：打开视频后，点击界面右下角的 图标。需要注意的是，音乐不同，该图标也不同，但位置不会变，如图10-8所示。

Step 03：点击"收藏"，如图10-9所示。

Step 04：打开剪映，进入添加音乐的界面，点击"抖音收藏"选项，即可使用刚刚在抖音收藏的音乐，如图10-10所示。

图 10-7

图 10-8

图 10-9

图 10-10

10.2.3 如何对视频中的人物进行美颜

相当一部分变身视频是通过服装及妆容的反差来营造看点的，但并不是所有人都具备不错的化妆能力，所以此类视频在初期具有一定的技术含量。而当剪映中出现了强大的美颜功能后，对化妆能力的要求就没有那么高了。

Step 01：选中一段有人物的视频素材，点击界面下方的"美颜美体"选项，

如图 10-11 所示。

Step 02：根据美化的位置和方式不同，分为"智能美颜""智能美体"和"手动美体"三种，如图 10-12 所示。

Step 03：点击"智能美颜"选项后，可以对面部进行调整。当进行了"瘦脸"及"美白"等选项的调整后，人物明显变得更精致了，如图 10-13 所示。

图 10-11

图 10-12

图 10-13

图 10-14

图 10-15

Step 04：点击"智能美体"选项后，即可进行"瘦身""长腿"等操作，如图 10-14 所示。但因为该素材中人物的躯体并不明显，所以更适合采用"手动美体"。

Step 05：选择"手动美体"选项后，即可手动选择区域进行美体。如图 10-15 所示，手动选择人物的头部，将其缩小一点，增强画面美感。

第10章 创意变身效果，营造强烈视觉冲击力

10.2.4 如何使用各种玩法

剪映中的"抖音玩法"功能可以让变身效果更丰富。曾经红极一时的"漫画变身"，其实就是利用该功能实现的。目前，该功能已经包含很多效果，具体操作步骤如下。

Step 01：选择包含人物的素材，并且最好是图片素材，这样可以添加更多样的效果。点击界面下方的"抖音玩法"选项，如图10-16所示。

Step 02：所有可以添加到该图片素材上的玩法会正常显示，而无法添加的玩法则会以暗灰色显示。点击一个效果后，如图10-17

图 10-16

图 10-17

所示的"萌漫"，即可预览该效果。无论是原始画面变身为添加了效果的画面，还是添加了效果的画面变身为原始画面，都能呈现出一定的反差感。这也是为何"抖音玩法"功能通常被用来制作变身视频的原因。

10.3 案例实战1：漫画变身教程

漫画变身是变身视频中制作步骤较为简单的，非常适合初学者。该效果最主要的看点就是从现实人物变身为漫画人物的瞬间。为了让这一瞬间更突出，需要利用特效来营造浪漫缤纷的氛围。

10.3.1 导入图片素材并确定背景音乐

由于该变身效果的转折点是根据背景音乐确定的，所以在导入图片素材后就应该确定背景音乐，具体操作步骤如下。

Step 01：导入图片素材，并选择合适的背景音乐，此案例的背景音乐为《白月光与朱砂痣》，如图 10-18 所示。

Step 02：确定所用音乐的范围，删去前后不需要的部分。选中背景音乐后，点击界面下方的"踩点"选项，找到音乐节奏的转折点，并手动添加节拍点，如图 10-19 所示。此操作即确定了变身瞬间的位置。

Step 03：将图片素材轨道的结尾对齐刚刚添加的音乐节拍点，如图 10-20 所示。

图 10-18

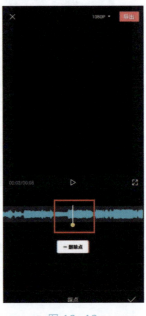
图 10-19

图 10-20

提示：对于需要跟随音乐节拍产生画面变化的视频而言，背景音乐往往是需要先确定，并添加节拍点的。因为在后续的处理中，几乎所有视频片段的剪辑及特效、动画、文字等时长，可能都需要根据节拍点进行确定。

大多数从剪映中直接使用的音乐，都可以使用"自动踩点"功能。但如果是导入的本地音乐，或者提取的其他视频的音乐，则只能手动添加节拍点。需要注意的是，部分音乐的自动踩点并不准确，此时就需要手动添加。另外，像该案例这种只需要添加少量节拍点的视频而言，手动添加也更为方便，因为省去了删除其他无用节拍点的时间。

10.3.2 制作漫画变身效果并选择合适的转场效果

接下来开始创作漫画变身效果,并选择合适的转场效果让变身前后衔接更流畅,具体操作步骤如下。

Step 01:选中图片素材轨道,并点击"复制"选项,如图 10-21 所示。然后将复制的图片素材轨道结尾与音频轨道结尾对齐。此处复制得到的图片素材轨道,即为变身成漫画的部分。

Step 02:选中复制的图片素材轨道,点击界面下方的"抖音玩法"选项,如图 10-22 所示,并选择"港漫"风格。

Step 03:为前后两个图片素材片段添加"逆时针旋转"转场效果,并调节转场时长为"0.5s",如图 10-23 所示。

Step 04:拖动第 1 段图片素材轨道的结尾,使转场效果轨道开头与节拍点对齐,实现精准卡点变身,如图 10-24 所示。

图 10-21　　　　图 10-22　　　　图 10-23　　　　图 10-24

10.3.3 添加特效营造氛围

分别对变身前及变身后添加特效,让画面更吸引观众,具体操作步骤如下。

Step 01:点击界面下方的"特效"选项,为变身前的图片素材添加"基础"

分类下的"粒子模糊"特效,如图10-25所示,并将该特效轨道的开头拖动到最左侧,将轨道结尾与节拍点对齐。

Step 02: 为变身后的图片素材添加"Bling"分类下的"闪闪"特效,如图10-26所示,并让该特效轨道的开头对齐转场效果中心位置,结尾与视频轨道结尾对齐。

Step 03: 继续为变身后的图片素材添加"Bling"分类下的"星辰"特效,如图10-27所示。轨道首尾与"闪闪"特效轨道首尾对齐即可。

以上3个特效的关键位置如图10-28所示。

图10-25

图10-26

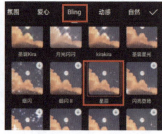
图10-27

> 提示:在同一段视频中叠加、组合多种特效,可以实现更独特的画面效果。不要局限在"一段视频只能加一种特效"的思维定式中。另外,各位也不要拘泥于该案例中所选择的特效,建议多多尝试不同的特效,从而得到更精彩的效果。

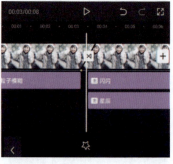
图10-28

10.3.4 添加动态歌词丰富画面

为了让画面内容更丰富,并且与歌词形成呼应,下面将制作动态歌词,具体操作步骤如下。

Step 01: 依次点击界面下方的"文字""新建文本"选项,输入歌词"白月光在照耀 你才想起她的好",如图10-29所示。

Step 02: 调整文本轨道开头对齐节拍点,文本轨道结尾对齐视频轨道结尾,调整字体为"拼音体"。然后点击文本编辑界面下方的"排列"选项,适当增加字间距,如图10-30所示。

第10章　创意变身效果，营造强烈视觉冲击力

Step 03：选中文本轨道后点击"动画"选项，为其添加"入场动画"下的"收拢"，并将时长条拉到最右侧，如图10-31所示。

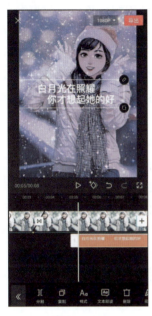
图 10-29

图 10-30

图 10-31

10.4　案例实战2：俄罗斯方块变身效果

该案例将利用绿幕素材制作俄罗斯方块逐渐拼出人物的效果，并且在拼出完整人物后，会由漫画变为真人照片。整个视频虽然时间不长，但始终保持着一定的新奇感，对观众有一定的吸引力。利用俄罗斯方块绿幕素材，无论任何画面，都可以制作出类似效果。

10.4.1　利用绿幕素材实现俄罗斯方块动画效果

将俄罗斯方块绿幕素材与准备好的照片素材进行合成，即可实现相应的动画效果，具体操作步骤如下。

Step 01：将照片素材导入剪映，点击界面下方的"比例"选项，设置为"9∶16"，并适当放大图片，使其铺满整个预览区，同时还要注意画面构图，尽量让画面美观，

如图 10-32 所示。

Step 02：依次点击界面下方的"画中画""新增画中画"选项，将俄罗斯方块绿幕素材添加至剪映，如图 10-33 所示。

Step 03：将俄罗斯方块绿幕素材放大，使其刚好铺满整个预览区，如图 10-34 所示。

Step 04：移动时间轴至俄罗斯方块绿幕素材铺满整个预览区的时间点，并保持时间轴位置不变。依次选中主视频轨道和"画中画"轨道，点击界面下方的"分割"选项，再将分割出的后半段轨道删除，如图 10-35 所示。

图 10-32　　　　　图 10-33

Step 05：选中"画中画"轨道，点击界面下方的"色度抠图"选项，如图 10-36 所示。

Step 06：将取色器选择在绿色部分，如图 10-37 所示。

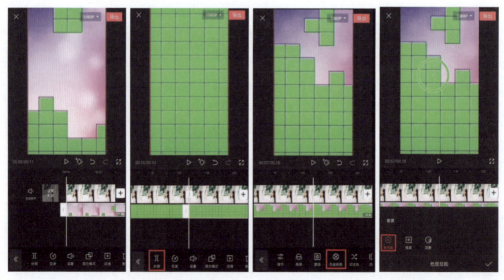

图 10-34　　　图 10-35　　　图 10-36　　　图 10-37

Step 07：选择"强度"选项，并直接将滑动条拉至最右侧，如图 10-38 所示。

第10章 创意变身效果，营造强烈视觉冲击力

Step 08：选择"阴影"选项，并略微提高其数值，让俄罗斯方块边界更平整，如图10-39所示。

10.4.2 制作从漫画图片变化为真人照片的效果

接下来制作让俄罗斯方块逐渐拼成一张漫画图片，并变化为真人照片的效果，具体操作步骤如下。

Step 01：选中照片素材轨道，点击界面下方的"抖音玩法"选项，如图10-40所示。

图 10-38

图 10-39

Step 02：选择"日漫"效果，画面中的人物即变成漫画风格，如图10-41所示。

Step 03：选中主视频轨道，点击界面下方的"复制"选项，得到一段新的图片素材轨道，如图10-42所示。

Step 04：选中这段复制的图片素材轨道，再次点击界面下方的"抖音玩法"选项，并选择"无"，从而恢复其真人照片的状态，如图10-43所示。这样操作的好处在于，真人照片与漫画效果的构图和人物大小是完全相同的，可以让变身效果更突出。

图 10-40　　图 10-41　　图 10-42　　图 10-43

Step 05：点击界面下方的"特效"选项，为其添加"Bling"分类下的"闪亮登场Ⅱ"特效，如图10-44所示。

Step 06：点击界面下方的"新增特效"选项，添加"光影"分类下的"彩虹光Ⅱ"特效，如图10-45所示。

Step 07：在漫画与真人照片之间添加转场效果，选择"特效转场"分类下的"横线"效果，如图10-46所示。

图 10-44　　　　　　图 10-45　　　　　　图 10-46

10.4.3　添加背景音乐并确定轨道的具体位置

为了让变身瞬间正好位于音乐的节拍点，只有在添加背景音乐后，才能确定各个轨道的具体位置，具体操作步骤如下。

Step 01：依次点击界面下方的"音频""音乐"选项，选择"浪漫"分类下的《说我爱你的一百种方式》作为背景音乐，如图10-47所示。

Step 02：通过试听，对背景音乐进行"掐头去尾"，只保留需要使用的部分，如图10-48所示。

Step 03：选中音频轨道，点击界面下方的"踩点"选项，手动为其添加变身时的节拍点，如图10-49所示。

第10章　创意变身效果，营造强烈视觉冲击力

Step 04：为了让俄罗斯方块绿幕素材中的最后一块出现在画面的时间与节拍点，即变身时刻刚好同步，需要对其进行"加速"处理。选中图片素材轨道，点击界面下方的"变速"选项，选择"常规变速"，并设置为"1.1x"，如图10-50所示。

Step 05：在变速后，图片素材依然较长，那么此时就干脆从图片素材轨道前端分割，并删除部分片段，如图10-51所示，使图片素材轨道结尾刚好与节拍点对齐。

Step 06：选中漫画部分的主视频轨道，拖动右侧白框，使转场效果与节拍点对齐即可，如图10-52所示。

图 10-47

图 10-48

> 提示：在让俄罗斯方块绿幕素材与节拍点同步的操作中，其实也可以直接从俄罗斯方块绿幕素材的开始一端进行裁剪，从而省去变速的操作。但那样会导致作为一大看点的，俄罗斯方块逐渐拼成完整画面的动画减少较多，所以笔者并没有采取这种方法。

图 10-49

图 10-50

图 10-51

图 10-52

Step 07：点击界面下方的"特效"选项，将两个特效轨道的首尾分别与转场轨道结尾和视频轨道结尾对齐，如图 10-53 所示。

Step 08：添加一个贴纸效果，让变身后的画面更丰富。点击界面下方的"贴纸"选项，为其添加"边框"分类下的贴纸，如图 10-54 所示。贴纸轨道的位置与上述特效轨道的位置相同。

图 10-53

图 10-54

10.5 案例实战3：素描画像渐变效果

在该案例中，将逐渐出现人物的素描画像，并从素描画像逐渐变化为真实的人物照片。制作该效果主要使用剪映中的"画中画"、"滤镜"、"混合模式"和"特效"等功能。其主要看点在于前半部分素描画像的形成，以及转变为真实人物照片带来的画面变化。

10.5.1 制作素描效果

准备好一张人物照片，再准备好一个素描片段，就可以制作出素描效果，具体操作步骤如下。

Step 01：将素描片段和人物照片依次导入剪映，并点击界面下方的"比例"选项，将其设置为"9：16"，如图 10-55 所示。

Step 02：调整素描和人物照片的大小，使其铺满整个预览区，并且尽量保证构图美观，如图 10-56 所示。

图 10-55

第10章 创意变身效果，营造强烈视觉冲击力

Step 03：选中人物照片轨道，点击界面下方的"复制"选项，如图10-57所示。

Step 04：点击界面下方的"画中画"选项，即可进入如图10-58所示界面。

Step 05：进入界面后，选中刚复制得到的人物照片轨道，并点击界面下方的"切画中画"选项，如图10-59所示，从而将该片段切换到"画中画"轨道。

Step 06：长按"画中画"轨道，将其轨道开头与视频轨道开头对齐，轨道结尾与素描片段轨道对齐，如图10-60所示。

图10-56

图10-57

图10-58

图10-59

图10-60

Step 07：选中"画中画"轨道，点击界面下方的"滤镜"选项，如图10-61所示。

Step 08：选择"风格化"分类下的"褪色"选项，如图10-62所示。

Step 09：依旧选中"画中画"轨道，点击界面下方的"混合模式"选项，选择"滤

色"模式,此时就实现了素描效果,如图10-63所示。

Step 10:为了让素描效果更明显,选中"画中画"轨道后,点击界面下方的"调节"选项,将对比度调到最高,如图10-64所示。

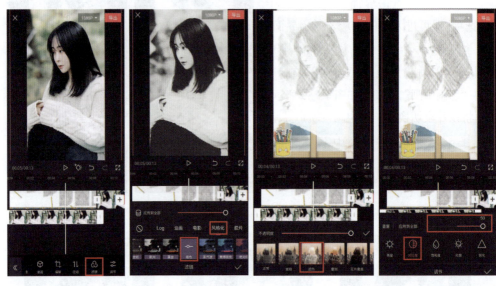

图10-61　　图10-62　　图10-63　　图10-64

10.5.2　制作从素描画像变化为人物照片的效果

素描效果实现后,则需要制作逐渐变化为人物照片的效果,具体操作步骤如下。

Step 01:在素描片段中,画架子下方也出现了部分"素描"效果,严重影响了画面美感。因此,需要选中"画中画"轨道,并点击界面下方的"蒙版"选项,添加"线性"蒙版,只让素描效果出现在"画框"内,如图10-65所示。

Step 02:点击素描片段轨道与人物照片轨道之间的 图标,设置转场效果,如图10-66所示。

Step 03:选择"基础转场"分类下的"色彩溶解"效果,并将转场时长调节至"1.5s",如图10-67所示。

图10-65

第10章 创意变身效果，营造强烈视觉冲击力

Step 04：加入转场效果后，将"画中画"轨道与转场效果轨道开头对齐，如图 10-68 所示。

Step 05：点击界面下方的"特效"选项，添加"氛围"分类下的"星河"，如图 10-69 所示。

图 10-66　　　　图 10-67　　　　图 10-68　　　　图 10-69

10.5.3 添加背景音乐并确定各轨道的具体位置

为视频添加合适的背景音乐，并在确定音频长度后，以此为基准调节各轨道位置，具体操作步骤如下。

Step 01：依次点击界面下方的"音频""音乐"选项，选择"浪漫"分类下《说我爱你的一百种方式》作为背景音乐，如图 10-70 所示。

Step 02：由于该案例中使用的素描片段本身带有音乐，所以选中该素描片段轨道，点击界面下方的"音量"选项，如图 10-71 所示。

Step 03：将音量设置为"0"，即可使用自己添加的背景音乐，如图 10-72 所示。

Step 04：为了让视频较为完整，最好在一句歌词唱完后作为结尾，将时间轴移动到该位置，点击界面下方的"分割"选项，选中后半段轨道，点击"删除"选项，如图 10-73 所示。确定了背景音乐的长度，也就确定了整个视频的长度。

Step 05：选中人物照片轨道，并拖动其右侧白框，使其长度比音频轨道长一点，以此防止出现黑屏情况，如图10-74所示。

Step 06：点击界面下方的"特效"选项，选中特效轨道，将其结尾与视频轨道结尾对齐，如图10-75所示。

图 10-70　　　　图 10-71

图 10-72　　　　图 10-73　　　　图 10-74

第10章　创意变身效果，营造强烈视觉冲击力

Step 07：选中音频轨道，点击界面下方的"淡化"选项，如图 10-76 所示。

Step 08：设置淡出时长与淡入时长在 1s 左右，从而让视频的开始与结束都更加自然，如图 10-77 所示。

图 10-75　　　　　　图 10-76　　　　　　图 10-77

实战拓展

本章免费为读者提供了电子版的案例实战"立体相册玩法"和"人体电光效果"作为知识补充，请扫描本书前言的"读者服务"下的二维码进行下载。

第11章
做好片头和片尾，提高短视频流量

11.1　为何一个优秀的片头和片尾可以提高流量

越是经验丰富的内容创作者，就越重视片头和片尾。一个原因是对视频核心内容的打磨已经比较成熟，所以有精力对片头和片尾进行改进；另一个原因则是片头和片尾能有效提高流量。

11.1.1　通过片头吸引观众注意

片头具有吸引观众注意的作用。根据"黄金三秒"原则，即视频开头 3s 决定了观众是否会看完整个短视频，一个精彩的片头可以在瞬间引起观众的兴趣，并吸引其继续看下去。

同时，如果系列视频使用同一个片头，可以让内容显得更完整，也会让观众觉得很专业。

11.1.2　通过片尾增加互动

当观众看完视频后，是否会互动，往往意味着视频是否会进入到下一层流量池，即能否得到更多推荐。这里的"互动"包括关注、点赞、评论。有些时候，视频明明很精彩，但观众可能忘记了点赞或者关注，这时片尾的提示作用就显得尤为重要，可以增加不少互动，进而得到更多流量。

一些内容整体不是特别好的视频，如果有一个很出色的片尾，也有可能让观众在最后时刻决定关注、点赞或者评论。

11.2 片头和片尾的制作要点是什么

想制作出优秀的片头和片尾，就必须要知道哪些内容是需要在片头和片尾呈现的。

11.2.1 片头的制作要点是什么

1．明确视频内容

为了在第一时间吸引观众，片头需要呈现视频的标题，明确其能够解决什么问题，最好还可以提出击中观众痛点的疑问。当这些信息在片头中出现后，就会吸引那些对这方面内容有需求的观众，进而不断提高流量的精准度，减少无用流量。

2．用画面吸引观众

除以上关键信息外，片头在符合视频整体风格的情况下，可以尽量绚烂多彩一些，从而给观众留下深刻印象。

3．务必短小精悍

太长的片头可能会让观众没看到核心内容就跳过了，所以建议片头的时长不要超过5s，只一两句话，能够指出视频内容的核心即可。

11.2.2 片尾的制作要点是什么

1．提醒关注、点赞

片尾最好可以通过弹出文字或者语音的方式提醒观众进行关注或点赞，以增加互动。需要注意的是，不要以任何利益诱导的方式去增加关注或者点赞，如"关注抽奖""点赞领红包"等方式，否则会被判违规。

2．片尾以简洁为主

与片头效果尽量绚烂多彩不同，片尾应以简洁为主。这样才能让视频的核心内容在观众脑海中停留更长时间，而不是被出彩的片尾所冲淡。

3．视频总结也是常用的片尾形式

片尾以视频总结的形式，贴出一张表，或者几行言简意赅的语言，同样可以起到很好的效果。因为总结是一种相对实用的片尾，很多人会截图。如果这个总结的持续时间短一些，还会提高视频的复播率。同时，在总结最后，也可以增加提醒关注、点赞等话语，属于一箭双雕。

4．通过个性的动作或语言让观众印象深刻

很多内容创作者会以很有个性的动作或语言作为视频的结尾，这种方式可以让观众更容易记住自己，并与同领域的其他竞争者形成差异化。但需要注意的是，不要只注重个性而忽略了与视频风格的契合度。

11.3　案例实战1：故障文字片头教学

上文已经提到，片头的制作要点之一就是要展示出视频的标题，让观众知道这个视频讲的是什么内容。因此，在片头出现文字是很常见的。为了让片头的文字更酷炫，更吸引观众，在这个案例中，将介绍如何在专业版剪映中制作故障文字片头。在该案例中，将会为素材添加文字、音乐、音效、动画、特效等，让片头呈现赛博朋克风格。

11.3.1　确定文字内容并营造故障感

先需要确定文字内容及字体格式等，让其具备赛博朋克风格，具体操作步骤如下。

Step 01：单击"开始创作"按钮进入专业版剪映界面后，单击工具栏中"媒体"按钮，选择"素材库"中的"黑场"素材。将光标悬停在"黑场"素材上方后，界面右下角会出现 图标，单击该图标，即可将"黑场"素材添加至时间线区域，如

第11章 做好片头和片尾，提高短视频流量

图 11-1 所示。

Step 02：单击工具栏中"文本"按钮，选择"新建文本"选项，并将光标悬停在"默认文本"上方，此时在其右下角依然会出现 ⊕ 图标，单击该图标，即可添加文字至画面，如图 11-2 所示。

图 11-1

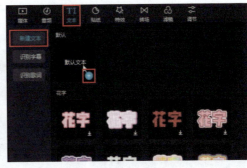

图 11-2

Step 03：选中时间线区域中的文本轨道，在界面右上角的细节调整区中单击"编辑"按钮，选择"文本"选项，即可输入文字。在该案例中，笔者输入的是"欢迎来到赛博朋克世界"，如图 11-3 所示。

Step 04：在输入完文字后，选中文字框 4 个边角处的白色圆点并拖动，即可调整文字大小，拖动文字框即可调整位置。将文字调整至画面中央即可，如图 11-4 所示。

图 11-3

图 11-4

Step 05：选中文本轨道，依旧是在细节调整区中，将"字体"设置为"新青年体"，如图 11-5 所示。

Step 06：为文字添加"描边"效果，并设置为"蓝色"，然后适当降低"粗细"数值，更多地保留文字的棱角感，如图11-6所示。

Step 07：在细节调整区中继续为文字添加"阴影"效果，并设置为"粉紫色"，适当提高"距离"数值，从而让阴影更明显，如图11-7所示。之所以将"描边"设置为蓝色，将"阴影"设置为粉紫色，是因为赛博朋克风格的色调特点就是蓝色和粉红色之间的碰撞。

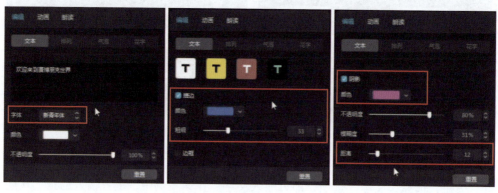

图 11-5　　　　　　　　图 11-6　　　　　　　　图 11-7

Step 08：为了让文字排版看起来更有科技感，可以再添加一段"WELCOME TO CYBERPUNK WORLD"，字体设置为"Facon"，如图11-8所示。

Step 09：将其移动至中文的下方，调整长度至与中文相同。然后按照修饰中文相同的步骤，为其添加蓝色"描边"和粉紫色"阴影"，最终文字效果如图11-9所示。

图 11-8　　　　　　　　　　　　图 11-9

第11章 做好片头和片尾，提高短视频流量

Step 10：选中"黑场"素材轨道，拖动其右侧白框，将时长确定为 6s 左右，然后分别将中文文本轨道和英文文本轨道与"黑场"素材轨道首尾对齐，如图 11-10 所示。

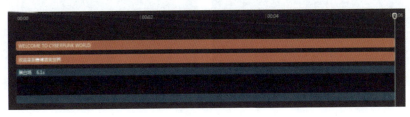

图 11-10

11.3.2 添加动画、特效营造故障感和科幻感

在文字样式确定后，就可以开始添加动画、特效来营造故障感和科幻感，具体操作步骤如下。

Step 01：分别选中中文文本轨道和英文文本轨道，单击细节调整区中"动画"按钮，添加"入场"分类下的"故障打字机"效果，并将动画时长设置为"2.0s"，如图 11-11 所示。

Step 02：为文字添加特效。由于特效只能作用在视频轨道上，而不能单独作用在文本轨道上，所以如果此时添加特效，文字将不会出现任何变化。因此，需要先将该段文字视频导出，然后将该段视频导入专业版剪映添加特效。单击右上角的"导出"按钮，如图 11-12 所示。

图 11-11

图 11-12

Step 03：退出专业版剪映处理界面，再次单击"开始创作"按钮，依次选择"媒体""本地"，然后单击"导入素材"按钮，将刚制作好的文字视频导入。将光标悬停在文字视频上，单击 ⊕ 图标添加到时间线区域，如图 11-13 所示。

Step 04：单击工具栏"特效"按钮，添加"动感"分类下的"色差放大"效果，如图 11-14 所示。

图 11-13

图 11-14

Step 05：只有一个特效无法充分表现文字的故障感和科幻感，故笔者又添加了两个特效，分别是"动感"分类下的"波纹色差"和"幻彩故障"。添加这 3 个特效后，将其轨道开头分别拖动到时间线区域的最左侧，时长控制在 3s 左右，如图 11-15 所示。

Step 06：至此，就单独让文字实现了故障感和科幻感，如图 11-16 所示。然后单击界面右上角的"导出"按钮，将该段文字视频导出。

图 11-15

图 11-16

> **提示**：为何又要导出一次呢？原因在于如果此时直接导入视频素材与文字合成，添加的所有特效不仅会作用在文字上，也会作用在视频素材上。而笔者希望只让特效作用在文字上，而对视频素材没有作用，所以只能再次将该文字视频导出。

11.3.3　合成文字视频与视频素材

将制作好的文字视频与视频素材合成，并配上合适的音乐，即完成故障文字片头制作，具体操作步骤如下。

第11章 做好片头和片尾，提高短视频流量

Step 01：将视频素材与刚制作好的文字视频导入素材区后，将光标悬停在视频素材上，单击 图标，将其添加至时间线区域，如图 11-17 所示。

Step 02：按住鼠标左键拖动文字视频轨道，将其拖动到视频轨道上方，然后松开鼠标左键，如图 11-18 所示。

图 11-17

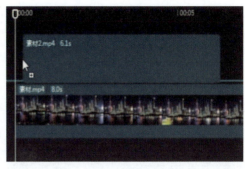

图 11-18

Step 03：选中文字视频轨道，单击细节调整区的"画面"按钮，在"基础"分类下，找到"混合模式"选项，并将其设置为"滤色"，如图 11-19 所示。此时，文字视频的黑色背景消失，从而与视频画面很好地融合在一起。

Step 04：单击工具栏中"音频"按钮，选择"动感"分类下的《Falling Down》作为背景音乐，如图 11-20 所示。

图 11-19

图 11-20

Step 05：选中音频轨道，将时间轴移动至刚出现歌词之前，然后单击 图标进行分割，再选中分割出的前半段音频，单击 图标进行删除，如图 11-21 所示，从而让背景音乐中明显的重音出现在视频时长范围内，进而搭配其他特效润色视频。

Step 06：通过对背景音乐进行试听，并结合文字视频、视频素材的时长，确

定视频结束的时间点。将时间轴移动到该时间点,分别对两条视频轨道和一条音频轨道进行"分割",并选中分割出的后半段轨道,将其删除,如图 11-22 所示。

需要注意的是,在进行"分割"操作时,务必保持时间轴的位置不要移动,从而让视频的结尾不会出现黑屏,防止只有文字没有画面、只有画面没有文字等情况的发生。

图 11-21

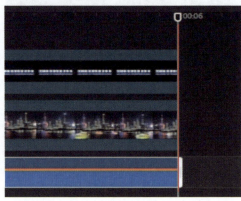
图 11-22

Step 07:选中音频轨道,将细节调整区中"基本"分类下的"淡出时长"设置为"1.0s",从而让视频结束得更加自然,如图 11-23 所示。

Step 08:选中文字视频轨道,单击细节调整区中的"动画"按钮,并添加"入场"动画中的"动感放大"效果,动画时长设置为"2.6s",以让文字的出现更具动感,如图 11-24 所示。

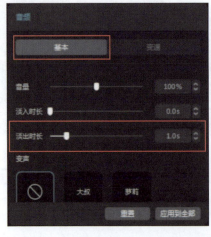
图 11-23

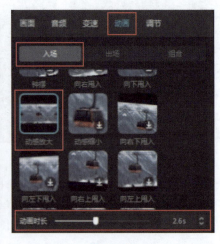
图 11-24

第11章 做好片头和片尾，提高短视频流量

Step 09：当背景音乐中的一句歌词唱完后，添加一个明显的重音节拍点。在该重音出现时，单击 图标添加节拍点。节拍点会在音频轨道中以黄色小圆点表现，如图 11-25 所示。

Step 10：将时间轴与节拍点对齐，单击工具栏中"特效"按钮，添加"动感"分类下的"色差放大"效果，如图 11-26 所示，从而让视频的赛博朋克风格更强烈。

需要注意的是，为了让特效与节拍点的匹配程度更高，需要缩短特效的时长，只让整个画面在节拍点处"抖动"一次。

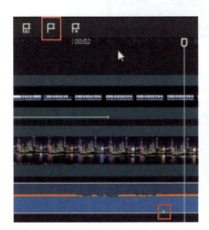

图 11-25

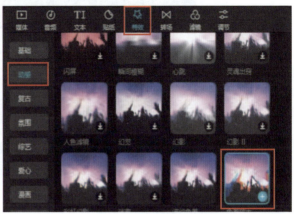

图 11-26

Step 11：当文字完全清晰后，再为其增加短暂的好像电视信号不稳定的效果。单击工具栏中的"特效"按钮，选择"动感"分类下的"横纹故障Ⅱ"效果，并大幅度缩短其时长，是画面中只有一瞬间出现"故障"效果，如图 11-27 所示。

Step 12：单击工具栏中的"音频"按钮，选择"转场"分类下的"电视没信号 - 嘶"音效，如图 11-28 所示，并将该音效放置在与"横纹故障Ⅱ"特效相同的位置，以此让"故障感"更真实。至此，故障文字片头就制作完成了。

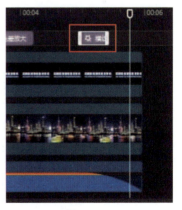

图 11-27

图 11-28

11.4 案例实战2：三屏动态进场片头教学

该案例主要分为两部分，第一部分是三屏分别在不同时间进场，第二部分是对每个场景进行单独的展示。在该案例中，综合运用了"蒙版""画中画""音乐卡点""变速曲线""动画"等功能。

11.4.1 导入音乐并添加节拍点

既然涉及音乐卡点，那么在添加视频素材后，就要导入音乐，并添加节拍点，具体操作步骤如下。

Step 01：点击"开始创作"后，点击界面上方的"素材库"选项，选择"黑场"素材并添加，如图 11-29 所示。

Step 02：由于该案例效果需要与背景音乐高度匹配，在剪映中的音乐素材中又难以寻找到合适的音乐，所以此处将提取一段音频。点击界面下方的"音频"选项，然后选择"提取音乐"，如图 11-30、图 11-31 所示。

Step 03：选中准备好的素材，点击界面下方的"仅导入视频的声音"，如图 11-32 所示。

Step 04：选中导入的音频轨道，点击界面下方的"踩点"选项，如图 11-33 所示，并根据节拍进行手动踩点。由于该案例一共会有 6 个画面跟着节拍点的节奏出现，所以添加 6 个节拍点，如图 11-34 所示。

第11章 做好片头和片尾，提高短视频流量

图 11-29　　图 11-30　　图 11-31　　图 11-32　　图 11-33　　图 11-34

> **提示**：之所以加入"黑场"素材，是因为在三屏动态展示画面时，每一部分之间的线条是黑色的，所以此处的"黑场"素材其实相当于视频的背景。另外，对于需要音乐卡点的视频而言，往往先要确定的就是背景音乐及节拍点。因为之后确定片段时长时，均需要与节拍点一一对应。

11.4.2　制作三屏效果

使3个画面以每次大概1/3的比例出现在视频中，具体操作步骤如下。

Step 01：依次点击界面下方的"画中画""新增画中画"选项，将第1段视频素材导入，并调整画面大小和位置，使最具美感的日出部分位于画面的左侧，如图 11-35 所示。

Step 02：选中视频素材后，点击界面下方的"蒙版"选项，选择"镜面"蒙版。调整蒙版角度至"-69°"，并使其覆盖画面左侧，如图 11-36 所示。

Step 03：通过"画中画"功能添加最右侧出现的视频素材，并调整画面大小和位置，使视频素材右侧的高楼出现在画面的右侧，如图 11-37 所示。

Step 04：选中第2段视频素材后，点击界面下方的"蒙版"选项，依旧选择"镜面"蒙版，并同样将蒙版角度调整为"-69°"。但此时需要移动蒙版位置，如图 11-38 所示。

图 11-35　　　　图 11-36　　　　图 11-37　　　　图 11-38

Step 05：按照同样的方法，将第 3 段视频素材添加至"画中画"轨道，并将需要出现的部分放置在画面中间位置，如图 11-39 所示。

Step 06：选中第 3 段视频素材后，点击界面下方的"蒙版"选项，依旧选择"镜面"蒙版，并同样将蒙版角度调整为"-69°"，然后调整蒙版位置和大小，使其与左右两部分画面的间距基本相同，如图 11-40 所示。

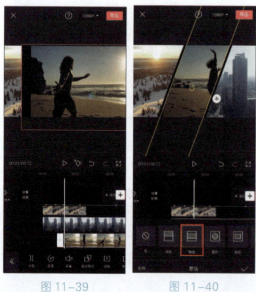

Step 07：确定每一部分画面出现的时间。选中首先在左侧出现的视频素材轨道，将其开头对齐第 1 个节拍点，结尾对齐第 4 个节拍点（第 4 个节拍点之后将进入单独场景的变速展示）；然后选中在右侧出现的视频素材轨道，将其开头对齐第 2 个节拍点，结尾依然对齐第 4 个节拍点；最后选择在中间出现的视频素材轨道，将其开头对齐第 3 个节拍点，结尾同样对齐第 4 个节拍点。视频素材起始点位置最终确定后，其编辑界面如图 11-41 所示。

图 11-39　　　　图 11-40

第11章　做好片头和片尾，提高短视频流量

这样，三屏画面就会依次出现，并在第3个节拍点后均出现在画面中，在第4个节拍点后一起消失。

11.4.3　调整单个画面显示效果

接下来制作案例的第二部分，即对每个场景进行单独展示，并让视觉效果更突出，具体操作步骤如下。

Step 01：点击主视频轨道右侧的+图标，添加第1段视频素材，如图11-42所示。

Step 02：选中该段视频素材轨道，依次点击界面下方的"变速""曲线变速"选项，选择"闪进"，如图11-43所示。

Step 03：再次点击"闪进"选项，进入手动编辑界面。提高左侧两个锚点的位置，让视频素材前半段的速度更快，如图11-44所示。

图 11-41

Step 04：将素材铺满整个预览区，然后将其轨道开头对齐第4个节拍点，将其轨道结尾对齐第5个节拍点。如果此时视频素材轨道过长，则直接将其缩短至第5个节拍点即可，如图11-45所示。

图 11-42　　　　　图 11-43　　　　　图 11-44　　　　　图 11-45

Step 05：按照相同的方法，将第2段视频素材导入主视频轨道，然后调节变

速效果,并将其轨道开头对齐第 5 个节拍点,轨道结尾对齐第 6 个节拍点,如图 11-46、图 11-47 所示。

Step 06:第 3 段视频素材的处理方法与前两段几乎完全相同。唯一不同的是选择"曲线变速"分类下的"蒙太奇"效果,然后手动提高前半段的速度,并将其轨道开头与最后一个节拍点对齐,如图 11-48、图 11-49 所示。

Step 07:将背景音乐后面多余的部分进行"分割"并"删除",如图 11-50 所示。

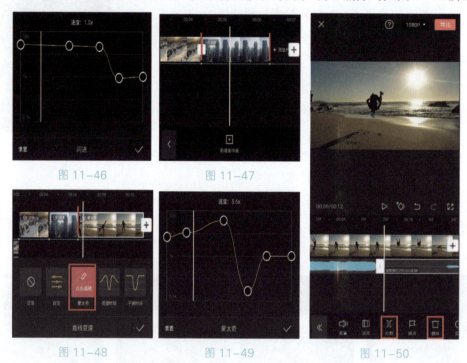

图 11-46　　　　　图 11-47

图 11-48　　　　　图 11-49　　　　　图 11-50

11.4.4　添加动画及特效让视频更具动感

视频的表现形式、内容及与音乐的匹配已经完成。接下来需要通过剪映的动画及特效,让视频的每一个画面都更具视觉冲击力、更有动感,具体操作步骤如下。

Step 01:选中第 1 段"画中画"轨道,点击界面下方的"动画"选项,如图 11-51 所示。

Step 02:选择"入场动画"分类下的"向下甩入",如图 11-52 所示。

Step 03:按照相同的方法,为"画中画"轨道中的第 2 段和第 3 段视频素材

第11章　做好片头和片尾，提高短视频流量

分别添加"入场动画"分类下的"轻微抖动"和"向左下甩入"动画，如图11-53、图11-54所示。

Step 04：点击界面下方的"特效"选项，添加"漫画"分类下的"冲刺"特效，如图11-55所示。

> 提示：动画可以根据自己的喜好进行添加，不必拘泥于案例所选择的效果。但往往一些节奏感比较强、比较快的视频，适合添加"抖动""甩入"等可以强调动感的动画。另外，也不建议增加动画时长，因为这样会让视频显得拖泥带水，不利于表现节奏感。

图 11-51

图 11-52

图 11-53

图 11-54

Step 05：仔细听背景音乐，将特效的开头确定在出现刺耳、尖锐声音的时刻（在接近2s的位置），并将特效轨道结尾对齐第4个节拍点，如图11-56所示。

Step 06：选中该特效轨道，点击界面下方的"作用对象"选项，并选择"全局"，如图11-57所示。

> 提示：如果觉得哪个场景过于昏暗，可以选中该视频素材轨道，点击界面下方的"调节"选项，并通过调整"亮度""光感""阴影"的数值，得到亮度合适的画面。

图 11-55　　　　　　图 11-56　　　　　　图 11-57

11.5　案例实战3：涂鸦片头效果

该案例将制作出视频 Logo 被涂鸦出来的效果，并且涂鸦的过程是比较自然的。为了做出该片头，需要自行录制一段素材，再通过"画中画""混合模式"等功能进行合成。

11.5.1　录制涂鸦素材

先要录制一段用来制作涂鸦效果的视频，需要使用手机的相机和图片编辑功能，具体操作步骤如下。

Step 01：打开相机，使用"手动"拍摄模式，将 ISO 设置为最低，曝光时间设置为 30s，按下拍摄按键，无须保持手机稳定，也不需要环境多么明亮，如图 11-58 所示。

Step 02：曝光 30s 之后，即可获得一张"纯白"的照片，如图 11-59 所示。

Step 03：在相册中打开该照片，进入编辑界面，选择黑色，依次点击 图标和 图标，如图 11-60 所示。

第11章 做好片头和片尾，提高短视频流量

图 11-58

图 11-59

图 11-60

Step 04：将画笔粗细设置为"100"，如图 11-61 所示。

Step 05：开启手机的录屏功能，如图 11-62 所示。

Step 06：在白色照片上涂抹出一块儿黑色区域。注意，此时的涂抹速度和涂抹出的效果就是制作片头时的涂抹效果。建议一气呵成，并且控制时间在 3s 左右，如图 11-63 所示。

涂抹完成后，结束录屏。

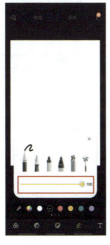
图 11-61

图 11-62

图 11-63

11.5.2 制作片头

接下来要在剪映中制作片头，其实就是涂鸦出的画面，具体操作步骤如下。

Step 01：导入片头视频素材，依次点击"文字""新建文本"选项，如图 11-64 所示。

Step 02：输入标题后，选中文本轨道，点击界面下方的"样式"选项，此处输入的标题为"海边 Vlog"，如图 11-65 所示。

Step 03：将字体设置为"新青年体"，点击界面下方的"阴影"选项，为其添加蓝色阴影，与海景相呼应，如图 11-66 所示。

图 11-64　　　　　　　图 11-65　　　　　　　图 11-66

Step 04：点击界面下方的"排列"选项，将字间距设置为"7"，如图 11-67 所示。

Step 05：选中文本轨道，使其首尾分别与视频轨道的首尾对齐，然后将其导出，如图 11-68 所示。

值得一提的是，之所以此处需要导出视频，是为了接下来将涂鸦素材与片头进行合成时，标题可以被涂鸦效果所覆盖，从而避免标题始终在画面中显示的情况发生。

11.5.3 制作涂鸦效果

将涂鸦素材与片头进行合成,即可完成该案例,具体操作步骤如下。

Step 01:重新打开剪映,将刚刚导出的片头导入剪映,如图11-69所示。

Step 02:依次点击"画中画""新增画中画"选项,将制作好的涂鸦素材导入剪映,并点击界面下方的"编辑"选项,如图11-70所示。

Step 03:点击界面右下角的"裁剪"选项,如图11-71所示。

图 11-67　　　　图 11-68

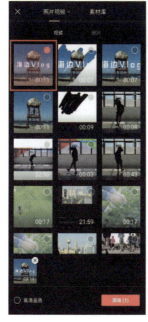

图 11-69　　　　图 11-70　　　　图 11-71

Step 04:对涂鸦素材进行裁剪,只保留白色区域,如图11-72所示。

Step 05:选中"画中画"轨道,放大涂鸦素材至铺满整个预览区,并让涂鸦区域位于画面中间,如图11-73所示。

Step 06：移动时间轴至刚要开始涂鸦的时间点，点击"分割"选项后，选中前半段轨道，点击"删除"选项，如图 11-74 所示。删除后记得将该涂鸦素材轨道移动至"画中画"轨道最左侧。

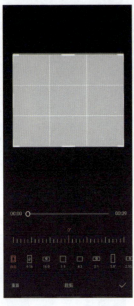

图 11-72

图 11-73

图 11-74

Step 07：将时间轴移动至完成涂鸦的时间点，点击"分割"选项后，选择后半段轨道，点击"删除"选项，如图 11-75 所示。

至此，涂鸦素材的时长就确定了。而该时长也是这个片头的时长。

Step 08：将主视频轨道结尾与"画中画"轨道结尾对齐，如图 11-76 所示。

Step 09：选中"画中画"轨道，点击"混合模式"选项，如图 11-77 所示。

Step 10：选择"滤色"模式，如图 11-78 所示。至此，涂鸦片头效果就呈现出来了。

图 11-75

图 11-76

第11章 做好片头和片尾，提高短视频流量

Step 11：为片头添加一段背景音乐，此处选择"轻快"分类下的《Ukulele & Vocals Ident Ⅱ》，如图11-79所示。

图 11- 77

图 11- 78

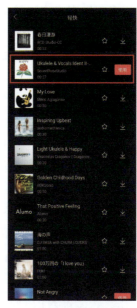
图 11- 79

Step 12：移动时间轴至音频开始有声音的时间点，点击"分割"后，选择前半段轨道，再点击"删除"选项，如图11-80所示。

Step 13：将时间轴移动至视频轨道结尾，然后选中音频轨道，点击"分割"选项，再选择后半段轨道，点击"删除"选项，从而让音乐时长与视频时长统一，如图11-81所示。

至此，该案例就制作完成了。

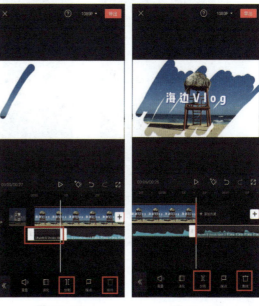
图 11-80　　　　图 11-81

11.6 案例实战4：色彩分割片头

该案例将实现不同的色彩块儿依次出现在画面中，然后再一起从画面中移出的效果，是一个富有动感且具有强烈视觉冲击力的片头。在制作过程中将多次使用"画中画""蒙版""关键帧""滤镜"等功能。

11.6.1 为视频赋予多样的色彩

先通过"画中画""滤镜"及"蒙版"功能，为画面添加多种色彩。由于在之后的处理中，需要对这些色彩进行单独处理，所以让每一种色彩单独占据一层"画中画"轨道，具体操作步骤如下。

Step 01：导入一段素材后，将其时长控制在 5s 左右，然后选中该素材轨道，点击界面下方的"复制"选项，如图 11-82 所示。

Step 02：选中复制的素材轨道，点击界面下方的"切画中画"选项，如图 11-83 所示。

Step 03：将第 1 层"画中画"轨道的首尾与主视频轨道的首尾对齐，如图 11-84 所示。

图 11-82　　　　　图 11-83　　　　　图 11-84

Step 04：选中第 1 层"画中画"轨道，点击界面下方的"滤镜"选项，如图 11-85 所示。

第11章 做好片头和片尾，提高短视频流量

Step 05：选择"影视级"分类下的"深褐"滤镜，如图11-86所示。经过以上操作，就为画面赋予了一层色彩，并通过单独的一条"画中画"轨道实现。

Step 06：分别为画面赋予4个角的不同色彩。重复Step 01和Step 02的操作，将复制得到的素材轨道移动至第2层"画中画"轨道，并与之前的轨道首尾对齐，然后点击"滤镜"选项，如图11-87所示。

图 11-85　　　　　图 11-86　　　　　图 11-87

Step 07：选择"风格化"分类下的"绝对红"滤镜，如图11-88所示。

Step 08：保持第2层"画中画"轨道的选中状态，点击"蒙版"选项，选择"线性"蒙版，并使蒙版线尽量穿过长边和短边的中心，如图11-89所示。

Step 09：继续重复Step 01和Step 02的操作，将复制得到的素材轨道移动至第3条"画中画"轨道。与之前的轨道首尾对齐后，点击"滤镜"选项，如图11-90所示。

Step 10：选择"风格化"分类下的"柠檬青"滤镜，如图11-91所示。

图 11-88　　　　　图 11-89

Step 11：保持第3层"画中画"轨道的选中状态，点击"蒙版"选项，选择"线性"蒙版，将颜色压缩至右上角，并同样尽量让蒙版线从长边和短边的中心穿过，如图11-92所示。

Step 12：以此类推，继续添加左下角和右下角的色彩。唯一需要注意的是，当将素材轨道移动至第4条"画中画"轨道时，需要按住素材轨道向下移动，直到出现蓝色线条，然后松开手即可，如图11-93所示。

Step 13：为第4条"画中画"轨道添加"风格化"分类下的"日落橘"滤镜，添加"蒙版"后的效果如图11-94所示。

图11-90　　　　图11-91

Step 14：为第5条"画中画"轨道添加"风格化"分类下的"赛博朋克"滤镜，添加"蒙版"后的效果如图11-95所示。

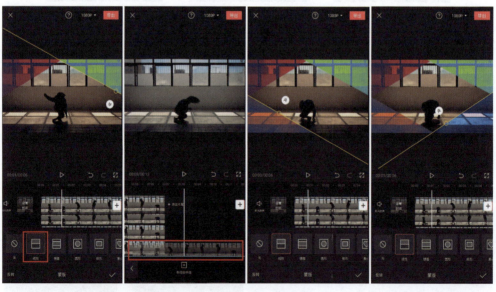

图11-92　　图11-93　　图11-94　　图11-95

第11章 做好片头和片尾，提高短视频流量

11.6.2 让画面中的色彩依次进场

添加不同色彩后，要让色彩"动起来"，先制作进场的动态效果，具体操作步骤如下。

Step 01：选中第 2 条"画中画"轨道，点击"动画"选项，如图 11-96 所示。

Step 02：为其添加"入场动画"分类下的"向右滑动"动画，并将动画时长设置为"1.5s"，如图 11-97 所示。

Step 03：按照同样的方法，分别为第 3 至第 5 条"画中画"轨道添加动画效果。选中第 3 条"画中画"轨道，点击"动画"选项，如图 11-98 所示。

Step 04：为其添加"进场动画"分类下的"向左滑动"动画，从而形成与左上角红色区域相向进场的效果。动画时长同样设置为"1.5s"，如图 11-99 所示。

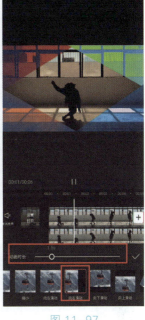

图 11-96　　　　图 11-97

Step 05：为了让视频实现不同颜色依次进场的效果，选中第 3 条"画中画"轨道，向右拖动一点儿其左侧白框，使其进场时间比左上角的红色稍晚一点，如图 11-100 所示。

Step 06：以此类推，选中第 4 条"画中画"轨道，添加"入场动画"分类下的"向右滑动"动画，动画时长设置为"1.5s"，如图 11-101 所示。

Step 07：选中第 5 条"画中画"轨道，添加"入场动画"分类下的"向左滑动"动画，动画时长设置为"1.5s"，如图 11-102 所示。

Step 08：分别将第 4 条和第 5 条"画中画"轨道也向右缩进几乎相同的距离，从而实现 4 个角的色彩依次进场的效果，如图 11-103 所示。

图 11-98

图 11-99

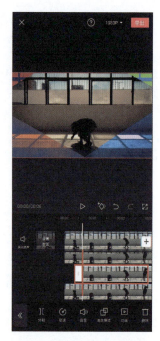

图 11-100

图 11-101

图 11-102

图 11-103

11.6.3 让画面中的色彩同步退场

让 5 条"画中画"轨道中的各个色彩依次退场,即完成该案例的制作,具体操作步骤如下。

Step 01:将时间轴移动至 4 个角的颜色全部完成进场的时间点,选中第 1 层"画中画"轨道,点击"蒙版"选项,如图 11-104 所示。

Step 02:选择"矩形"蒙版,并将其铺满整个预览区,如图 11-105 所示。

Step 03:保持时间轴不动,点击◇图标,添加关键帧,如图 11-106 所示。

图 11-104　　　　　　图 11-105　　　　　　图 11-106

Step 04:将时间轴移动至视频结尾偏左一点的位置,再次点击"蒙版"选项,并将蒙版缩小至最小,点击"√"确认,如图 11-107 所示。这样就完成了第 1 种色彩的退场。

Step 05:选中第 1 层"画中画"轨道,将时间轴移动至添加关键帧的时间点,如图 11-108 所示。

Step 06:保持时间轴不动,选中第 2 层"画中画"轨道,点击◇图标,添加关键帧,如图 11-109 所示。

Step 07:保持第 2 层"画中画"轨道为选中状态,移动时间轴至轨道结尾(留

一点缝隙），点击"蒙版"选项，将红色区域移出画面，如图 11-110 所示。

按照同样的方法，将第 3 层至第 5 层"画中画"轨道的色彩均移出画面，从而实现色彩同步退场的效果。

Step 08：依次点击"音频""音乐"选项，添加"动感"分类下的《Hometown Girl》作为背景音乐，如图 11-111 所示。

Step 09：将时间轴移动至视频轨道结尾，选中音频轨道，点击"分割"选项，选中后半段轨道，点击"删除"选项，如图 11-112 所示。

至此，该片头效果就制作完成了。

图 11-107　　　　图 11-108

图 11-109　　图 11-110　　图 11-111　　图 11-112

第12章 玩转创意后期效果，掌握财富密码

扫码学习案例实操视频

12.1 制作一个创意视频的流程是怎样的

笔者将一个创意视频从产生灵感到拍摄再到发布总结为以下9个部分（见图12-1），其中橙色部分是创作重点，需要创作者在该流程倾注更多的心血。

图 12-1

12.1.1 如何获得创意灵感

其实并没有能够稳定获得创意灵感的途径，关键还是要在日常生活中多观察、多思考。但也可以通过一些途径获得创意灵感，如看电影、小说，或者参观博物馆、艺术馆等。另外，多刷一刷抖音，看一看自己没有关注过的领域的内容，也许可以更快地找到创意灵感。

12.1.2　构思视频效果与创作分镜头脚本有何联系

两者的联系在于，分镜头脚本是以构思的视频效果为基础，并将脑海中的效果进行细化后的产物。最终拍摄的视频效果的上限就是由构思视频效果所决定的。而拍出的效果能否满足预期，则取决于分镜头脚本的设计是否足够合理。

12.1.3　如何选择拍摄地点

对于抖音短视频而言，其实不需要在多么精致的场景下拍摄。只要环境氛围与最终呈现的效果匹配即可。而且，在一些接地气的场景，如公园或者家中，拍摄一些具有创意的画面，反而会有更强的反差。

12.1.4　为何说视频后期指导前期

虽然在流程上是先拍摄视频，然后才能进行视频后期剪辑。但在实际创作过程中，在拍摄视频之前，就要先考虑为了后期的某种效果，需要视频素材具备哪些条件。

例如，要实现遮盖转场这一效果，除要在后期进行剪辑外，还需要前期拍摄时就将遮盖物拍进画面中，这就是典型的视频后期指导前期。

12.2　案例实战1：剪辑框抠像效果

该案例将通过两张图片素材来实现人物突然出现在剪辑界面中的效果。为了让视频中的画面有联系，这两张图片素材最好分别是同一人物小时候和长大后的照片。同时，如果剪辑框是静态的，那么视频效果将大打折扣，所以需要自己制作一段动态剪辑框素材，然后再通过"画中画""智能抠像""特效"等功能完成该案例的制作。

12.2.1　制作动态剪辑框素材

动态剪辑框可以避免画面过于死板，也能够让观众产生"正在剪辑"的感觉，具体操作步骤如下。

Step 01：选择一张人物小时候的照片，点击界面右下角的"添加"，如图12-2所示。

Step 02：依次点击界面下方的"音频""音乐"选项，如图12-3所示。

Step 03：选择"卡点"分类下的《Hey Boy》作为背景音乐，如图12-4所示。

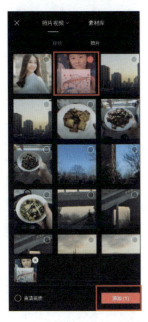  

图 12-2　　　　　　　　图 12-3　　　　　　　　图 12-4

Step 04：将该音乐在歌词"Hey Boy"出现之前的部分删除，从而加快视频的节奏。移动时间轴到刚要唱出"Hey Boy"的位置，点击界面下方的"分割"选项，然后选中前半段轨道，点击"删除"选项，如图12-5所示。

Step 05：将音频轨道与视频轨道开头对齐，如图12-6所示。

Step 06：通过试听音乐，在脑海中想象视频画面，以确定视频结束的位置。该位置通常也是一段旋律结束的时间点，然后点击界面下方的"分割"选项，选中后半段轨道，并点击"删除"选项，如图12-7所示。

Step 07：将视频轨道结尾与音频轨道结尾对齐或比音频轨道长一点儿，防止出现黑屏的情况，如图12-8所示。

Step 08：开启手机的录屏功能，如图12-9所示，再从头播放一遍正在剪辑的视频，从而完成动态剪辑框素材的制作。

Step 09：动态剪辑框素材虽然制作好了，但是其前后必然有不需要的部分，所以再次打开剪映，将刚刚录制的视频导入，如图 12-10 所示。

图 12-5

图 12-6

图 12-7

图 12-8

图 12-9

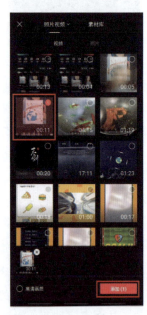

图 12-10

Step 10：为了能够快速、准确地将制作好的动态剪辑框素材中有用的部分剪辑出来，选中该素材轨道后，点击界面下方的"音频分离"选项，如图 12-11 所示。

Step 11：分离出音频后，即可通过该音频轨道，分辨出素材真正的起始位置。移动时间轴至音频轨道开始有声音的位置后，点击"分割"选项，保持时间轴不动，选中视频轨道，再次点击"分割"选项，从而确保音画同步。然后分别选中前半段视频轨道和音频轨道，删除即可，如图 12-12 所示。

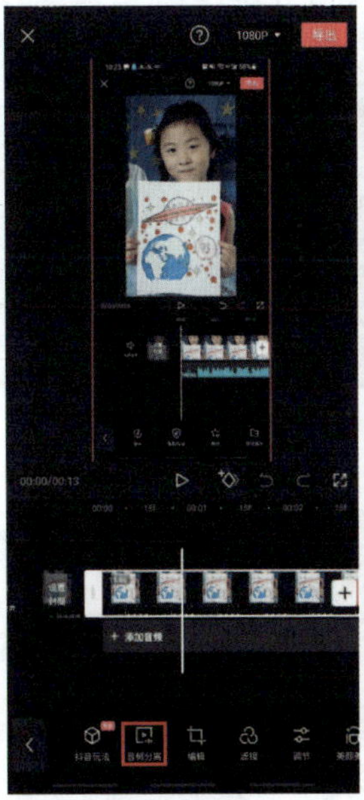

图 12-11 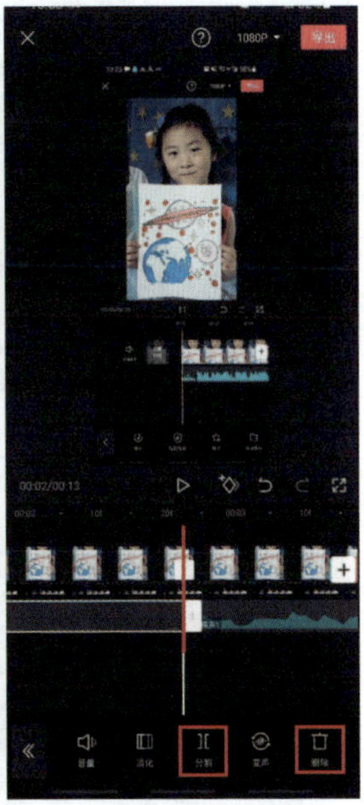　　　　图 12-12

同时，视频的结尾部分也按该步骤处理。至此，动态剪辑框素材就制作完成了。

12.2.2　合成长大后的人物画面

动态剪辑框素材制作完成后，将长大后的人物合成至该画面即可实现该案例的核心效果，具体操作步骤如下。

Step 01：为确定长大后的人物出现的时间点，需要添加节拍点。选中音频轨道后，点击界面下方的"踩点"选项，如图 12-13 所示。

Step 02：找到在歌词"Hey boy"之后的重音节拍点，大概在 1.2s 左右，点击"+ 添加点"，如图 12-14 所示。

Step 03：点击"画中画"选项，如图 12-15 所示。

Step 04：导入一张人物长大后的照片，如图 12-16 所示。

Step 05：长按拖动"画中画"轨道，使其开头与节拍点对齐，如图 12-17 所示。

Step 06：选中"画中画"轨道，拖动其右侧白框，使其结尾与主视频轨道结尾对齐，如图 12-18 所示。

图 12-13

图 12-14

图 12-15

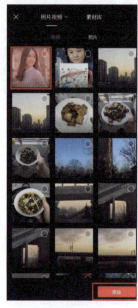
图 12-16

图 12-17

图 12-18

Step 07：为"画中画"素材添加动画效果，让长大后人物的出现更突然一些。为防止动画效果影响之后的画面，所以截取开头处 2s 左右的画面，然后选中该片段轨道，点击"动画"选项，如图 12-19 所示。

Step 08：添加"向右甩入"效果，并将动画时长条拉到最右侧，如图 12-20 所示。

Step 09：选中被分割的后半段"画中画"轨道，将时间轴移动到该段轨道的开头，点击◇图标，添加关键帧，如图 12-21 所示。

Step 10：将时间轴移动至距视频结束还有 2s 左右的位置，放大"画中画"轨道的人物画面，如图 12-22 所示，从而实现长大后的人物动态出现在画面中的效果。

第12章 玩转创意后期效果,掌握财富密码

图12-19　　　图12-20　　　图12-21　　　图12-22

12.2.3 增加特效润色画面

Step 01：在不选中任何轨道的情况下，点击界面下方的"特效"选项，如图12-23所示。

Step 02：选择"基础"分类下的"逆光对焦"特效，如图12-24所示。

Step 03：选中该特效轨道，拖动左侧白框，使其开头与节拍点对齐，并点击"作用对象"选项，如图12-25所示。

Step 04：设置"作用对象"为"全局"，从而让特效覆盖整个视频，如图12-26所示。

Step 05：将特效轨道结尾与视频轨道结尾对齐后，按照同样的

图12-23

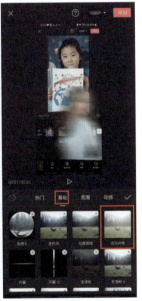

图12-24

方法，再添加"月光闪闪"与"撒星星"这两个特效，分别如图12-27、图12-28所示。

至此，整个案例效果制作完成。

图 12-25

图 12-26

图 12-27

图 12-28

12.3　案例实战2：分身合体效果

该案例将实现画面中出现多个分身，并且当人物本体移动到与分身完全重合时即收回分身。制作过程中会用到"画中画""定格""关键帧""不透明度"等功能。

12.3.1　对素材进行基本处理

如果直接使用该案例的素材制作分身，不利于突出效果，所以需要进行一些基本处理，具体操作步骤如下。

Step 01：该案例只需要人物向同一方向移动的视频素材，而该素材中，随镜头移动，人物出现了从右侧移动至左侧，又从左侧移动至右侧的情况。所以，移动时间轴，在人物移动到最左侧的位置时，点击界面下方的"分割"选项，如图12-29所示。

Step 02：选中分割出的后半段轨道，点击"删除"选项，从而只保留下人物从右侧移动至左侧的画面，如图12-30所示。

Step 03：该素材中，人物的动作速度太慢了，无法在短时间内经过各个位置"收回"分身，所以需要进行加速处理。选中素材轨道后，点击"变速"选项，如图12-31所示。

Step 04：选择"线性变速"，将其设置为"1.9x"，如图12-32所示。

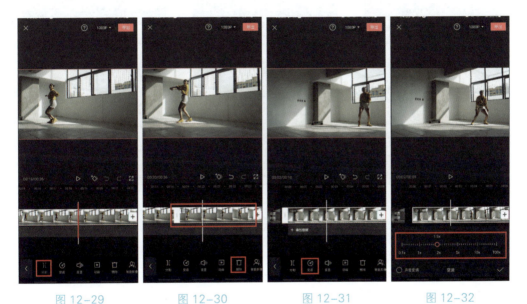

图 12-29　　　　图 12-30　　　　图 12-31　　　　图 12-32

12.3.2　制作分身效果

该案例中一共需要制作 3 个分身，但只要学会制作第 1 个，后面两个重复操作即可，具体操作步骤如下。

Step 01：移动时间轴至想要形成分身的动作，点击界面下方的"定格"选项，如图12-33所示。

Step 02：点击界面下方的"切画中画"选项，如图12-34所示。

Step 03：长按并拖动"画中画"轨道，将其与主视频轨道开头对齐，如图12-35所示。

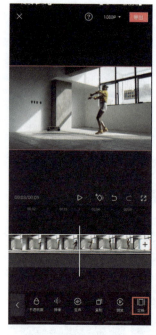
图 12-33

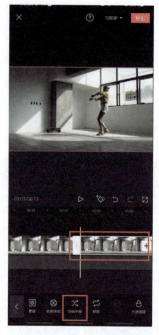
图 12-34

图 12-35

Step 04：选中"画中画"轨道，点击"智能抠像"选项，这样分身就出现了，如图 12-36 所示。

Step 05：图 12-36 虽然显示出了分身，但是脚没踩地，故在保持选中"画中画"轨道的情况下，将时间轴移动至轨道开头，并向下拖动人物，使其脚踩地面，如图 12-37 所示。

但此时又出现了人物本体与分身无法完全重合的情况，如图 12-38 所示。接下来将通过关键帧解决该问题。

Step 06：选中"画中画"轨道，将时间轴移动到轨道开头，点击◇图标，添加关键帧，如图 12-39 所示。

Step 07：将"画中画"轨道结尾与"定格"时产生的分割线对齐，并调整分身位置，使其与本体重合，此时会自动添加关键帧，如图 12-40 所示。至此，就解决了本体与分身无法重合的问题。

Step 08：将时间轴移动至最左侧，选中"画中画"轨道，点击界面下方的"不透明度"选项，如图 12-41 所示。

第12章 玩转创意后期效果,掌握财富密码

图 12-36

图 12-37

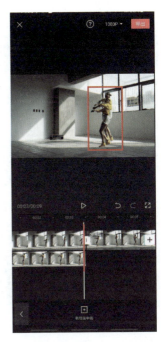

图 12-38

图 12-39

图 12-40

图 12-41

329

图 12-42　　　图 12-43

Step 09：将"不透明度"设置为"70"，如图 12-42 所示。由于设置了关键帧，所以同时还将实现本体越接近分身，分身就越"实"的效果。如果不想要该效果，将时间轴移动到"画中画"轨道结尾，再次设置"不透明度"为"70"即可。

Step 10：重复以上方法，即可制作第 2 个、第 3 个分身。需要注意的是，每个分身片段轨道的结尾，都要与定格时产生的分割线对齐。第 1 个分身片段轨道的结尾与第 1 次定格时产生的分割线对齐，第 2 个分身片段轨道的结尾与第 2 次定格时产生的分割线对齐，如图 12-43 所示。

12.3.3　添加音乐与特效

为视频添加音乐与特效进行润色即完成制作。需要强调的是，如果希望本体每次与分身重合时正好卡点，则需要在制作分身前就添加音频和节拍点，然后在节拍点的位置进行定格，制作分身。

但如果不需要有卡点效果，或者只需要与第 1 个分身重合时卡点，那么最后添加音乐也可以，具体操作步骤如下。

Step 01：为避免视频结束得过于突兀，选中主视频轨道，将时间轴移动至结尾，点击"定格"选项，如图 12-44 所示。

Step 02：为视频添加"动感"分类下的"色差放大"特效，如图 12-45 所示。

Step 03：将特效轨道首尾与最后的定格片段首尾对齐，并调整定格片段时长，让"色差放大"特效能够显示完整，如图 12-46 所示。

图 12-44

第12章 玩转创意后期效果，掌握财富密码

Step 04：在剪映中搜索并添加《赤伶（纯音乐）》作为背景音乐，如图12-47所示。

Step 05：为音乐添加节拍点，并调整音乐时长，使本体与分身第一次重合时刚好位于其中一个节拍点，如图12-48所示。将音频轨道结尾与视频轨道结尾对齐后，即完成该效果制作。

图12-45

图12-46

图12-47

图12-48

12.4 案例实战3：牛奶消失效果

该案例会实现变魔术般的牛奶消失效果，只有通过前期拍摄与后期剪辑相互配合才能实现。对于该效果中可能会被注意到的瑕疵，笔者利用"特效"来分散观众的注意力，并起到弥补画面缺陷的作用。该案例使用了"蒙版""关键帧""画中画"等功能。

12.4.1 拍摄所需素材

为了能够实现牛奶消失效果，需要拍摄满足要求的视频素材，具体操作步骤如下。

Step 01：将手机固定好，确定取景范围。此处建议将玻璃杯架起一定高度，这样可以在以平视角度拍摄玻璃杯的同时，还能够采用竖幅，便于手机观看，并且构图也更美观，如图12-49所示。

图 12-49　　　　　图 12-50　　　　　图 12-51

Step 02：视频素材需要包括如图12-49所示的相对静止的画面，以及如图12-50所示的倒牛奶的画面，还有如图12-51所示的遮挡牛奶的手逐渐抬起的画面。

Step 03：拍摄过程中要尽量保证杯子的背景不发生变化，所以笔者全程站在杯子后方，这样杯子的背景就是没有明显变化的外套。当然，也可以侧过身拍摄，让杯子的背景始终是书架。总之，只要注意不要让透明杯子的一部分背景是书架，一部分背景是衣服，否则在后期合成时无法得到逼真的效果。

图 12-52

Step 04：透明杯子很难准确对焦，建议在其同一平面的左侧或右侧放置一其他景物，从而将手机对该景物进行对焦，然后长按对焦框，锁定曝光与对焦。

Step 05：打开拍摄的视频，进行截图，将杯子部分单独抠取出来，如图12-52所示。

> **提示**：笔者在录制这段素材视频时有一点失误，就是用的左手做遮挡牛奶的动作。因为打亮该场景的自然光来自画面右侧，所以当左手遮挡牛奶时，手臂势必会遮挡住部分光线，导致玻璃杯的亮度要比空镜头时低，在合成时就会有一定瑕疵。因此，建议各位在拍摄时，根据自然光的方向，选择尽量少遮挡光线的手做遮挡牛奶的动作。
>
> 另外，如果会使用Photoshop，建议利用该软件抠出杯子部分，效果会更好。

第12章 玩转创意后期效果，掌握财富密码

12.4.2　让画面与背景音乐的节拍点相契合

这个视频中的一个重要转折点就是手遮挡住牛奶后逐渐抬起并刚好露出一点点杯子底部的瞬间。因为在这个瞬间，当观众发现杯子中的牛奶消失时，会非常意外，所以需要通过音乐节奏的变化来突出这个转折点，具体操作步骤如下。

Step 01：录制的视频素材的开头与结尾势必会有不需要的部分，所以将时间轴移动到刚要开始倒牛奶的瞬间，点击界面下方的"分割"选项，并将不需要的部分删除，如图12-53所示。

Step 02：将时间轴移动到遮挡牛奶的手完全离开杯子的瞬间，点击界面下方的"分割"选项，选中不需要的部分并删除，如图12-54所示。

Step 03：依次点击界面下方的"音频""音乐"选项，使用"卡点"分类下《要不要变个身？》作为背景音乐，如图12-55所示。

图12-53

图12-54

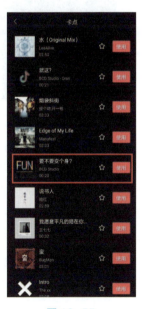
图12-55

Step 04：选中音频轨道，点击界面下方的"踩点"选项，如图12-56所示。

Step 05：因为此处只需要添加一个节拍点即可，故选择手动添加。当音乐中出现"枪声"时，点击界面下方的"+添加点"，如图12-57所示。

Step 06：接下来要让上文提到的画面的转折点与刚刚添加的节拍点相契合，

333

即在"枪声"之后，出现手遮挡住牛奶并逐渐往上抬的画面。但此时从视频开头到手往上抬的时长明显过长，所以需要对倒牛奶部分的画面进行加速处理，从而让抬手画面的起点与节拍点对齐。

先将时间轴移动至手开始往上抬的时间点，然后选中视频轨道，点击界面下方的"分割"选项，再点击"变速"选项，如图12-58所示。

图12-56　　　　　　图12-57　　　　　　图12-58

Step 07：选择"常规变速"选项，将其设置为"4.5x"，使该片段轨道结尾几乎与节拍点对齐，如图12-59所示。

Step 08：当画面与节拍点契合后，视频时长也就确定了。将时间轴移动至视频结尾稍微偏左一点，选中音频轨道，点击界面下方的"分割"选项，并将后半段音乐删除，如图12-60所示。

Step 09：选中音频轨道，点击界面下方的"淡化"选项，适当增加"淡出时长"，让视频结束得比较自然，如图12-61所示。

> **提示**：在该案例中，将速度设置为"4.5x"后即刚好实现片段轨道结尾与节拍点对齐属于偶然事件。在大多数情况下，仅通过调节"变速"是无法让片段轨道结尾与节拍点对齐的。因为倒牛奶的画面多一点、少一点对画面影响不大，所以建议让片段轨道结尾在变速后依然处于节拍点的右侧，然后在开头删除部分画面，使片段轨道结尾与节拍点对齐。

第12章　玩转创意后期效果，掌握财富密码

图 12-59

图 12-60

图 12-61

12.4.3 营造牛奶消失效果

接下来将通过"画中画"、"蒙版"和"关键帧"功能让牛奶"消失"，具体操作步骤如下。

Step 01：依次点击界面下方的"画中画""新增画中画"选项，将之前抠出的玻璃杯图片导入剪映，如图 12-62 所示。

Step 02：调整玻璃杯图片的大小和位置，使其与视频中的玻璃杯完全重合。如果不好确定是否完全重合，可以选中"画中画"轨道后，点击界面下方的"不透明度"选项，适当降低"不透明度"数值，然后再进行观察，如图 12-63 所示。注意，确定重合后，要将不透明度再恢复到"100"。

Step 03：将时间轴移动至手完全遮挡住牛奶的最后一刻（即下一刻，就会有杯底的牛奶出现在画面中），长按并拖动"画中画"轨道，将其开头拖动到时间轴所在的时间点，如图 12-64 所示。

Step 04：选中"画中画"轨道，点击界面下方的"蒙版"选项，添加"线性"蒙版，并调整其角度，使其与画面中小拇指的角度基本一致，如图 12-65 所示。

Step 05：将时间轴移动至"画中画"轨道开头，点击◇图标，添加关键帧，如图 12-66 所示。

Step 06：略微向右侧移动时间轴，使杯中牛奶刚刚出现，然后点击界面下方的"蒙版"选项，如图 12-67 所示。

图 12-62

图 12-63

图 12-64

图 12-65

图 12-66

图 12-67

> 提示：在调整"线性"蒙版角度时，要让线条上方的区域处于被"遮盖"的状态，即随着蒙版线条的向上移动，空玻璃杯逐渐在线条下方出现。如果发现空玻璃杯在线条上方出现了，则需要将该"线性"蒙版旋转 180°。

第12章 玩转创意后期效果，掌握财富密码

Step 07：适当提高"线性"蒙版的位置，使其继续紧贴小拇指的下边缘，从而让杯中牛奶"消失"，如图 12-68 所示。此时，剪映会自动在时间轴所在位置再添加一个关键帧。

Step 08：重复操作，不断将时间轴向右移动，当有牛奶出现在杯中后，就点击界面下方的"蒙版"选项，并适当提高"线性"蒙版的位置，使其与小拇指下边缘相切，从而让牛奶"消失"，如图 12-69 所示。

最终实现线性蒙版位置始终跟随小拇指下边缘移动，直至整个空玻璃杯都出现在画面中，即实现随着手抬起，牛奶逐渐"消失"的效果。而此时，"画中画"轨道上，也会添加很多个关键帧，如图 12-70 所示。

Step 09：选中"画中画"轨道，拖动其右侧白框至视频轨道结尾，使空玻璃杯始终出现在画面中，如图 12-71 所示。

图 12-68　　　　图 12-69　　　　图 12-70　　　　图 12-71

12.4.4 增加特效润色画面并弥补缺陷

上文已经提到，由于前期录制素材时，手遮挡牛奶的同时也遮挡了部分光线，导致抠出的空玻璃杯图片的亮度要比视频中有牛奶杯子的亮度高，所以合成效果并不完美，因此需要利用特效分散观众的注意力，让画面更逼真，具体操作步骤如下。

Step 01：点击界面下方的"特效"选项，添加"动感"分类下的"抖动"效果，

如图 12-72 所示。

Step 02：将该特效轨道开头与节拍点对齐，并适当缩短特效轨道长度，让画面仅在"枪声"出现时"抖动"一次，如图 12-73 所示。

Step 03：点击界面下方的"新增特效"选项，为画面添加"动感"分类下的"灵魂出窍"效果，如图 12-74 所示。

图 12-72　　　　　图 12-73　　　　　图 12-74

Step 04：将该特效轨道的开头与"枪声"响起后第 1 个声音出现的时间点对齐，如图 12-75 所示，其轨道结尾与视频轨道结尾对齐即可。

Step 05：点击界面下方的"新增特效"选项，选择"光影"分类下的"胶片漏光Ⅱ"效果，将其轨道首尾与"灵魂出窍"特效轨道首尾对齐即可。然后分别选中这两个特效轨道，点击界面下方的"作用对象"选项，将其设置为"全局"，如图 12-76 所示。

以上添加的 3 个特效，既可以让视频看起来更酷炫，又可以分散观众对玻璃杯的注意力，从而起到弥补缺陷的作用。

图 12-75　　　　　图 12-76

12.5 案例实战4:"灵魂出窍"效果

在该案例中,为了让"灵魂出窍"后的环境氛围显得更灵异,并给人以灵魂好像进入了另外一个空间的视觉感受,使用了"特效"功能来营造"异空间"。除此之外,为了制作出分身,还应用了"画中画""定格""蒙版"等功能。

12.5.1 准备制作"灵魂出窍"效果的素材

由于该案例不能随便找几张图片或者几个视频片段就能做出效果,所以需要自己先拍一段"灵魂出窍"的视频素材,具体操作步骤如下。

Step 01:将手机固定,并确定取景范围,保证人物的所有表演均在画面范围内。先要表演出"头疼"的感觉,为之后"灵魂出窍"做铺垫,如图12-77所示。

Step 02:突然站直,想象此时灵魂从身体中出来了,并定格该姿势几秒钟,如图12-78所示。

Step 03:定格几秒钟后,身体前倾,并随惯性向前走两步,此时表演的就是"灵魂"了,如图12-79所示。

Step 04:作为"灵魂",表现出"不可思议"的感觉,并吃惊地看向自己原来站着的位置(剪辑后呈现的是看着自己的本体),如图12-80所示。

该素材具有以上4个关键点后,才能让剪辑后的"灵魂出窍"效果看起来更连贯。当然,各位也可以有自己的表演方式,只要其中包含"本体"及"灵魂"的表演即可。

图 12-77

图 12-78

图 12-79

图 12-80

12.5.2 定格"灵魂出窍"瞬间,并选择合适的音乐

由于前期拍摄时定格几秒的动作需要始终出现在画面中,所以要进行定格操作,具体操作步骤如下。

图 12-81

图 12-82

Step 01:进行"掐头去尾",即将素材中不需要的画面进行"分割"并"删除",如图 12-81 所示。

Step 02:为了让"灵魂出窍"那一瞬间更突出,先找一首节奏比较强的背景音乐,最好具有一个前后旋律相差较大的节拍点。那么当"灵魂出窍"的瞬间与这个节拍点同步时,效果会更加震撼。该案例选择的背景音乐为"卡点"分类下的《D.T.M.》,如图 12-82 所示。

Step 03:选中音频轨道,点击界面下方的"踩点"选项,如图 12-83 所示。

Step 04:因为只添加一个节拍点,所以不需要使用自动踩点。经过试听后,确定"灵魂出窍"的节拍点并添加即可,如图 12-84 所示。

Step 05:将时间轴移动到"定格"动作刚刚做好的瞬间,并点击界面下方的"分割"选项,如图 12-85 所示。

Step 06:将分割出的后半段轨道删除,然后将时间轴移动到视频轨道结尾,

第12章 玩转创意后期效果，掌握财富密码

点击界面下方的"定格"选项，如图12-86所示。"定格"得到的画面其实就是最终效果的"本体"，将一直出现在画面中。

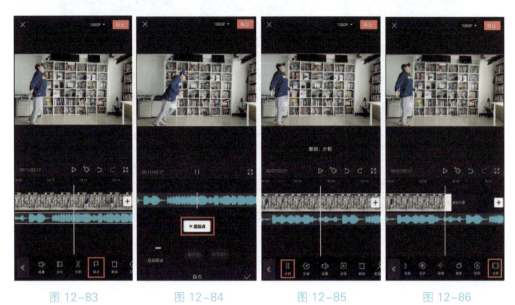

图12-83　　　　　图12-84　　　　　图12-85　　　　　图12-86

> 提示：定格瞬间后，还不能确定该画面持续的时间。因为定格画面的持续时间要根据整个视频的时间确定，而整个视频的时间要在制作完"灵魂出窍"效果后才能确定。所以，在得到定格画面后，先将其放在一边，继续接下来的操作。

12.5.3 实现"灵魂出窍"效果

"灵魂出窍"效果其实也是"分身"效果的一种，只不过为了有"灵魂"的既视感，其中一个分身要稍微"虚"一点，具体操作步骤如下。

Step 01：依次点击界面下方的"画中画""新增画中画"选项，再次导入之前拍好的素材，并调整大小使其与主视频轨道的画面大小相同，如图12-87所示。

Step 02：移动时间轴，找到身体刚开始往前倾斜的瞬间，并点击界面下方的"分割"选项，如图12-88所示。

Step 03：选中分割出的前半段轨道并删除，然后将剩余的视频片段轨道开头与主视频轨道的分割处对齐，如图12-89所示。

341

图 12-87

图 12-88

图 12-89

Step 04：将"画中画"轨道添加的视频素材不需要的部分分割并删除，如图 12-90 所示。

Step 05：选中"画中画"轨道，点击界面下方的"蒙版"选项，如图 12-91 所示。

Step 06：选择"圆形"蒙版，并调整其位置和形状，使其刚好覆盖"倾斜的人物"，然后适当拉动◎图标，形成羽化效果，从而让"灵魂"有种半透明的感觉，如图 12-92 所示。

图 12-90

图 12-91

图 12-92

Step 07：由于蒙版的位置是固定的，所以当视频继续往后播放时，已经出现的"灵魂"会从画面中消失。因此，需要利用关键帧，让蒙版随着"灵魂"的移动而移动，从而始终保持"本体"与"灵魂"均出现在画面中。故在"画中画"轨道开头添加一个关键帧，如图 12-93 所示。

Step 08：将时间轴向右侧移动一点儿，当"灵魂"几乎消失后，点击"蒙版"选项，如图 12-94 所示。

Step 09：移动蒙版位置，使"灵魂"重新出现在画面中，并且剪映会自动在此处添加关键帧，如图 12-95 所示。

图 12-93

图 12-94

Step 10：按照相同的方法，通过移动蒙版，让"灵魂"始终出现在画面中，此时"画中画"轨道会出现多个关键帧，如图 12-96 所示。

Step 11："灵魂出窍"效果完成后，视频的长度也就确定了。选中定格画面轨道，拖动其右侧白框，使其与"画中画"轨道结尾对齐，如图 12-97 所示。

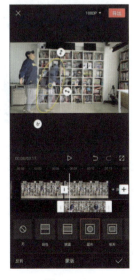
图 12-95

图 12-96

图 12-97

12.5.4 通过特效营造画面氛围

虽然制作出了"灵魂出窍"的效果,但整个视频的氛围让人感觉不到灵异,所以接下来通过特效营造画面氛围,具体操作步骤如下。

Step 01:在"灵魂出窍"的瞬间,人应该立刻做出"定格"动作,但目前这个动作的速度不够快,所以对该动作进行加速处理。截取出该动作的片段,点击"变速"选项,如图 12-98 所示。

Step 02:点击"常规变速"选项,加速至"4.0x",如图 12-99 所示。

Step 03:随后将"画中画"轨道开头与"灵魂出窍"瞬间的分割位置对齐,如图 12-100 所示。

图 12-98　　　　　　　图 12-99　　　　　　　图 12-100

Step 04:将已经添加的节拍点与"灵魂出窍"瞬间的时间点对齐。采用的方法是计算下节拍点到"灵魂出窍"位置间隔多少秒,然后对音乐进行分割,删除其开头部分相同时长的音频,使节拍点与"灵魂出窍"位置基本对齐即可,如图 12-101 所示。

Step 05:点击界面下方的"特效"选项,为其添加"动感"分类下的"波纹色差"效果,如图 12-102 所示。

Step 06：因为该特效是为了营造"灵魂出窍"后，灵魂所在的"异空间"效果，所以将其轨道开头与"灵魂出窍"瞬间的分割位置对齐，轨道结尾与视频轨道结尾对齐，如图12-103所示。

Step 07：随后点击界面下方的"作用对象"选项，选择"全局"，从而让该特效对主视频轨道及"画中画"轨道都起到作用，如图12-104所示。

图12-101　　　　图12-102　　　　图12-103　　　　图12-104

Step 08：选中主视频轨道，点击界面下方的"滤镜"选项，为其添加"电影"分类下的"敦刻尔克"效果，如图12-105所示。但此时从预览界面中会发现，蒙版遮罩的区域并没有滤镜效果。

Step 09：选择"画中画"轨道，同样为其添加"敦刻尔克"效果后，整个画面的色彩就统一了，如图12-106所示。

> 提示：在为"画中画"轨道添加特效时，要时刻记住确定该特效的作用对象。因为在默认情况下，即便特效轨道同时还覆盖了"画中画"轨道，特效也只会对其所覆盖的主视频轨道起作用。所以，当需要让画面中所有元素都受到特效的影响时，就需要将"作用对象"手动设置为"全局"；如果希望特效只作用在"画中画"轨道，则需要将其手动设置为"画中画"。

Step 10："灵魂出窍"后的画面效果处理完毕后，再为前半段"头疼"时的画面增加特效，继续营造整体氛围。点击界面下方的"特效"选项，添加"动感"分类下的"心跳"特效,如图12-107所示。

Step 11:将该特效轨道的开头与视频轨道开头对齐,轨道结尾与之前添加的"波纹色差"特效轨道衔接,如图12-108所示。

图12-105　　　　图12-106　　　　图12-107　　　　图12-108

至此,"灵魂出窍"效果就制作完成了。

实战拓展

本章免费为读者提供了电子版的案例实战"偷走你的影子效果"和"情侣浪漫轮播效果"作为知识补充,请扫描本书前言的"读者服务"下的二维码进行下载。

反侵权盗版声明

电子工业出版社依法对本作品享有专有出版权。任何未经权利人书面许可，复制、销售或通过信息网络传播本作品的行为；歪曲、篡改、剽窃本作品的行为，均违反《中华人民共和国著作权法》，其行为人应承担相应的民事责任和行政责任，构成犯罪的，将被依法追究刑事责任。

为了维护市场秩序，保护权利人的合法权益，我社将依法查处和打击侵权盗版的单位和个人。欢迎社会各界人士积极举报侵权盗版行为，本社将奖励举报有功人员，并保证举报人的信息不被泄露。

举报电话：（010）88254396；（010）88258888

传　　真：（010）88254397

E-mail：dbqq@phei.com.cn

通信地址：北京市万寿路 173 信箱
　　　　　电子工业出版社总编办公室

邮　　编：100036